大学计算机基础教育
改革理论研究与课程方案

大学计算机基础教育改革理论研究与
课程方案项目课题组　编著

中国铁道出版社
CHINA RAILWAY PUBLISHING HOUSE

图书在版编目（CIP）数据

大学计算机基础教育改革理论研究与课程方案/大
学计算机基础教育改革理论研究与课程方案项目课题组编著.
—北京：中国铁道出版社，2014.10（2015.6重印）
ISBN 978-7-113-19378-2

Ⅰ．①大… Ⅱ．①大… Ⅲ．①电子计算机－课程改革
－教学研究－高等学校 Ⅳ．①TP3-42

中国版本图书馆CIP数据核字(2014)第233673号

书　　名：大学计算机基础教育改革理论研究与课程方案
作　　者：大学计算机基础教育改革理论研究与课程方案项目课题组　编著

策　　划：严晓舟　周　欣　　　　　　　　　读者热线：400-668-0820
责任编辑：周　欣
编辑助理：绳　超　巨　凤
封面设计：一克米工作室
责任校对：汤淑梅
责任印制：李　佳

出版发行：中国铁道出版社（100054，北京市西城区右安门西街8号）
网　　址：http://www.51eds.com
印　　刷：三河市宏盛印务有限公司
版　　次：2014年10月第1版　　　　　2015年6月第2次印刷
开　　本：787 mm×1 092 mm　1/16　印张：13　字数：215 千
书　　号：ISBN 978-7-113-19378-2
定　　价：58.00 元

在项目立项及后续研究中，教指委、研究会及很多领导、专家和学者支持或参与了项目研究和组织工作，为项目完成给予了大力支持。给予项目课题和研究支持的学术团体、机构有（排名不分先后）：

中国铁道出版社

教育部高等学校计算机基础课程教学指导委员会

教育部高等学校文科计算机基础教学指导委员会

全国高等院校计算机基础教育研究会

全国高等学校计算机教育研究会

《计算机教育》杂志社

华东高校计算机基础教育研究会

江苏省高校计算机基础教学工作委员会

安徽省高等学校计算机教育研究会

北京计算机教育培训中心

浙江省计算机应用与教育学会

北京高等学校计算机教育研究会

重庆计算机学会

四川省高校计算机基础教育研究会

河南省高等学校计算机教育研究会

黑龙江省计算机基础教育研究会

吉林省高校计算机公共课教学专业委员会

序·壹
PREFACE

我国高校非计算机专业的计算机教育（称为高校计算机基础教育）是从20世纪80年代初开始的，1984年成立了全国高等院校计算机基础教育研究会，从此开展了对计算机基础教育的系统研究。1990年国家教委成立了计算机基础课程教学指导委员会，体现了教育行政部门对高校非计算机专业开展计算机教育的高度重视。在全国各高校广大教师多年来的共同努力下，形成和发展了符合我国国情的计算机基础教育的指导思想和教学体系。

我亲身参加了30年来高校计算机基础教育研究的全过程，目睹了我国高校计算机基础教育从无到有地迅速发展，它使非计算机专业学生在校期间受到必要的计算机教育，推动了各个领域中计算机的广泛应用。

在计算机基础教育的研讨中，有不同的观点，有的主张计算机基础教育应当面向计算机学科，面向理论，认为要提高计算机基础教育的水平就应当向理论方向提高；有的认为，计算机基础教育的本质是计算机应用的教育，应当面向应用，提高计算机基础教育的水平应当从深入研究如何提升计算机应用能力入手。根据不同的指导思想提出了不同的教学体系和实施方案。有不同意见，百花齐放，百家争鸣是好现象，可以集思广益，互为补充，使人思路开拓，引发深入思考。多年来，许多专家和教师对计算机基础教育的改革进行了持续的研究与实践，取得了许多成果。

由中国铁道出版社组织的、著名计算机教育专家吴文虎教授（清华大学）和高林教授（北京联合大学）领导的专家团队经历两年多的研究，取得重要的成果。参加项目研究的有清华大学、南京大学、吉林大学、北京理工大学、中南大学、北京联合大学等数十所高校和中国铁道出版社等单位的从事计算机基础教育的专家。我应邀参加了多次研究讨论，对其特点和内容有较多的了解，并大力支持这项研究活动。我认为这个报告是一个成功的、有创造性的、面向实际的研究成果，值得推荐和推广。

我认为这个报告体现了以下几个特点：

旗帜鲜明地坚持计算机基础教育面向应用的指导思想

报告总结了30年来计算机基础教育的主要经验：面向应用，需求导向，能力主导，分类指导，认为计算机基础教育本质上是计算机应用的教育。这是一个十分重要的问题，它回答了"大学为什么要开设计算机课程？大学生为什么要学习计算机"的问题。

计算机专业着眼于"把计算看成学科"(computing as a discipline)，而非计算机专业则"把计算机看成工具"(computer as an instrument)，注重掌握应用技术，重在应用。计算机专业培养计算机专门人才，而非计算机专业培养的是计算机应用人才。这是区分两类计算机教育的重要原则。在考虑问题时尤其要注意到我国大多数高校属于应用型大学这一重要特点。

高校计算机基础教育应当有明确的目的性，就是使大学生跟上信息时代的需要，掌握计算机的基本知识和计算机应用技术，日后成为计算机应用人才，推动我国各个领域的计算机应用和社会的信息化。非计算机专业大学生学计算机不应当是为学而学，不应当作为纯理论而学，不应当按照计算机学科的体系来构建计算机基础教学体系，而应当根据大学生将来工作的需要来决定学习的内容。即使是研究型大学的非信息类专业，其计算机课程也应当是应用型的，而不是研究型的。

以上是研究计算机基础教育首先必须解决的问题，否则就会迷失方向。本书在这方面进行了充分和有说服力的论述。

深入研究计算机应用的能力结构，建立面向应用的课程体系

既然计算机基础教育的方向是面向应用，那么要使计算机基础教育有所突破，显然应当在面向应用的方向上有所突破，而不是在其他方向。

在确定了面向应用的方向以后，还需要解决怎样才能真正实现面向应用和培养应用能力。研究团队在这方面作了深入的研究，从理论的高度分析了能力的内涵、能力模型、思维能力与行动能力以及计算机应用能力体系框架，并据此设计了面向应用的课程体系，构建了教学的层次结构，并具体提出了各门课程的参考内容。这是一项面向计算机应用教育的系统研究，具有理论和实际的价值。此前在国内没有见到过在这方面的如此系统而深入的研究，是具有开创性的工作，具有重要的指导意义。

应该说，这是计算机基础教育改革中的一个重要突破，如果推广实行，将大大提高计算机基础教育的质量，使计算机应用教育出现新的局面。

从实际出发研究计算思维

近一时期，国内外计算机界开展了计算思维的研究，有些专家从不同角度提出了一些观点。许多人面对关于计算思维的一系列新提法，感到茫然，希望弄清楚：究竟

什么是计算思维？计算思维在计算机基础教育中应具有什么地位和作用？应该怎样培养计算思维？等等。这是当前计算机基础教育改革中应当深入研究的问题。

应当说，在国内外关于计算思维的研究，都是处于初步的探讨阶段，在许多问题上并未形成一致的结论。例如，有的计算机专家提出：计算思维和理论思维、实证思维一样重要，是人类认识世界和改造世界三种基本思维。但是，对于计算思维应当提到什么高度？是否作为三种基本思维之一？对上述论断，尚未得到哲学界和科学界的公认。又如，有的专家认为计算机基础教育的主要目的和核心任务是培养计算思维，而许多专家则认为计算机基础教育的实质是计算机应用的教育，要把应用放在第一位。还有，计算思维与其他思维是什么关系？我们应当广开言路，集思广益，深入展开研讨与争鸣，从不同的视角进行分析研究，从实际出发研究在计算机基础教育中如何做才能取得效果。

为了弄清楚情况，研究团队花了很大工夫，广泛收集了国内外有关计算思维的材料，并加以整理分析，全面地客观地介绍给读者。在本书的论述中有一个亮点，就是根据国外研究的成果，提出了计算思维的"概念性定义"和"操作性定义"。

对计算思维的研究有两种不同的做法，一种是着重于理论层面上的研究，研究计算思维的概念、内涵和要素等，其中涉及哲学问题；一种着重于应用层面的研究，即计算思维在实践中的表现形式以及怎样有效地培养计算思维能力。所谓计算思维的定义应当包括这两个方面，即"概念性定义"和"操作性定义"。对理论层面上的研究应该是少数专家的任务，对多数人来说，有意义的是计算思维的应用研究，关注其操作性定义。

在计算机基础教育领域开展的计算思维研究中，应当把复杂的问题简单化，而不应当把简单的问题复杂化。计算思维其实是体现在各个具体环节中的，很容易理解，并不神秘。不应当孤立地去灌输计算思维，更不能把计算机课程作为思维课、哲学课，而应当采取合适的方法，在学习和应用计算机的过程中自然而然地培养计算思维能力，如同在数学和物理学习过程中自然而然地培养理论思维和实证思维一样。

美国一个研究机构提出对小学三年级学生培养计算思维能力的例子是"重复的工作让计算机去做"。请看多么简单，多么自然而然，多么容易接受。本书中还介绍了美国研究机构提出的怎样向中小学生讲解"并行"概念的例子。它体现在具体生活之中，毫无故弄玄虚，高深莫测之感。

我们多年来强调在计算机基础教学中要"讲知识、讲应用、讲方法"，它体现了计算机基础教育的性质和方向。三者紧密结合，缺一不可。首先要"讲知识"，知识是基础，应用和方法都需要知识支撑；"讲应用"体现计算机基础教育不是纯理论的学习，要面向应用；"讲方法"就是要掌握规律，学会思考，培养科学的思维方法（包括计算思维）。计算思维是科学思维的一部分，只要是科学思维，都应当重视，不能只提计算思维而不顾其他。计算机基础教育改革就是要大力提倡"讲知识、讲应用、讲方法"，这个提法全面而明确，简单而易行，所有人都能理解并实行，能在实践中不断丰富其内涵，提高水平。

相信通过深入的研讨与实践会对这个问题有更深刻更实际的认识。

体现"一切从实际出发"的科学作风

本研究项目的一个重要特点是重视实践，从实践出发。本项目的参与者大多是高校一线的骨干教师，教学经验丰富，工作讲究实际，作风实事求是，开会不尚空谈。提出问题是从实际情况出发，而不是从抽象概念出发；分析问题有调查报告作为依据，而不是以空对空；提出方案以实践为基础，能实际可行，而不是虚无缥缈，无法实现。这样使得方案具有针对性、实践性和可行性。

这个项目组的成员有一种可贵的精神：尊重实际，独立思考，没有框框，敢于创新，善于吸纳各种意见，深入开展分析争论，形成符合实际的意见。在学术研究中应当提倡这种"不唯上、不唯书、不唯外、只唯实"的科学态度。

总之，我认为这是一个既有理论研究分析又有现实指导意义，理论与实践相结合的，有开创性、有针对性、有价值的好报告。对于推动计算机基础教育面向应用会起重要的作用。当然其中有些内容还需要进一步研究和完善，文字也有待进一步修饰，尤其需要在实践中检验和丰富。万事开头难，现在已经有了一个好的开始了，希望从事计算机基础教育的老师们在此基础上群策群力，不断提高，为我国高校计算机基础教育做出新的贡献！

谭浩强 谨识
2014年7月

序·贰
PREFACE

电子计算机的诞生与发展是20世纪最伟大的科学成就之一，其划时代的意义是"人类通用智力工具"横空出世，把人从大量重复性或具有固定程式的脑力劳动中解放出来，进而使人类的整体智能获得空前的大发展。

"信息""网络""大数据""虚拟化""云计算"已经成为当今时代最时髦的词汇，网络正以铺天盖地之势步入学校，走进家庭，风靡天下；男女老少用手机收发微信、购物、咨询、问路、娱乐等等，成为街头巷尾的一道风景线，数以亿万计的手机已然成为中国网民的"首选上网终端"，人们在不知不觉中享受到网络带来的快乐、方便与快捷，同时也感受到新世纪不同寻常的现代文化的魅力。不言而喻，作为现代人当然要学习和掌握现代文化。学习计算机，早已超出技术的层面，上升到了现代社会文化的层面。讲文化要以科学为基础，讲科学要提高到文化的高度。有关信息的收集、处理、分发、转换、存储、挖掘、评价等知识和技术，愈发显现其重要性。信息技术和网络的发展如日中天，超乎寻常，对于新东西，谁敏感，谁学得快，谁就主动得多。需求的发展要求大学计算机要和大学数学、大学物理一样，作为基础课来学。随之而来的问题是：计算机的基础课教什么，课程体系什么样，对于非计算机专业的学生，该怎么教，以什么为目标，用什么做导向，这一系列问题是课题组近两年来学习、思考和着力研究的问题。通过调查、总结经验和相互交流，结合中国大学的实际找到了如下的一些共识点：

1. 计算机高速发展的不竭动力是应用。对于学生，说到底，学是为了用。因此，大学计算机基础教育一定要实施面向应用的教育，上什么和教什么一定要以学生的专业需求为导向。

2. 学习计算机需要了解这一学科的内在规律和特征，"构造性"和"能行性"是计算机学科的两个最根本特征。与构造性相应的构造思维，又称计算思维，指的是通过算法的"构造"和"实现"来解决一个给定问题的一种"能行"的思维方式。或者说计算思维其实就是解决问题时的计算模拟方法论。

做任何事情都须讲求方法，让计算机帮我们做事，更要讲求方法。科学方法基于科学思维：理论思维（逻辑思维）、实验思维（实证思维）、计算思维（构造思维）。

计算思维这个词是20世纪50年代之后，计算机发挥了人类期望的强大计算功能之后，被人们认识、研究和提炼出来的。计算思维目前有着诸多的定义或描述，究其本质是"抽象"和"自动化"。数学抽象是针对现实世界的量的关系和空间形式。计算思维中的抽象与传统数学相比更为复杂和实用，抽象的好坏和是否能够实用，要看计算机能否快速地自动化地完成人们预想的计算任务。当今学界的有识之士提出：既然计算机已经成为"人类通用智力工具"，那么计算思维对每个学生都有普适意义。在实施面向应用的计算机教育时，如果能够将应用计算机解决问题的思路归纳出来，点化学生，使其感悟计算思维要素之妙，起到"举一反三"的效果，不是更好吗。

3. 工具是重要的，人之所以能进化为现代人，不断发明和成功创造工具起了绝对重要的作用。计算机是"人类通用智力工具"，尽管它问世的时间还不长，但是所展现出来的智能化趋势已令世人叹为观止。对于这样一个工具，我们应该怎么教？谁也不敢说胸有成竹，还需要下大功夫加以研究。

4. 既然是面向应用的课程，更应强化理论联系实践的优良学风，让学生掌握真才实学，动手动脑，使思维能力和行动能力同步提升，以培养高素质、能解决实际问题的应用型人才。

纸上谈兵，误人子弟。强化理论指导下的实践，是课程取得成功的必由之路。

吴文虎

2014年7月

序·叁
PREFACE

中国铁道出版社自1951年建社以来经过60余年的发展历程，从成立之初专门服务于铁路行业的专业出版社，发展为面向社会各个领域的综合性出版机构，同时也是参与教学改革并传播优秀理念的教育与培训资源服务提供商。20世纪90年代末，中国铁道出版社拓宽发展思路，开始面向社会市场，成立了计算机图书中心（2010年改为教材研究开发中心）。2002年中国铁道出版社开始进入计算机基础教育领域，出版计算机教材，并首创了出版社编辑直接深入学校寄发样书、与一线教师面对面交流等创新模式，为教育一线出版了大量优质教材，更与各地区专家教师建立了密切的联系。近年来，中国铁道出版社秉承"依靠专家、研究先行、服务为本、打造精品"的十六字方针，积极参与国内计算机基础教育的研究与改革，支持并配合教育部计算机基础教学指导委员会（简称"教指委"）和全国高等院校计算机基础教育研究会（简称"研究会"）的研究工作，主办各类研讨交流活动，为专家和院校搭建合作平台，参与多项国家级省部级科研课题。根植本土的同时，中国铁道出版社放眼国际，与美国权威教育认证机构深入合作，参与研制专业标准，并引进成熟的考核体系和先进的教育理念帮助提升合作院校竞争力。在与专家、院校以及国内外优质机构的紧密交流与合作下，中国铁道出版社得以不断学习进步，在计算机基础教育领域贡献着自己的力量。

以计算思维为切入点的新一轮计算机基础教育改革目前已经开展了两年，正值继续深化发展的关键阶段，需要对改革过程中的经验进行进一步的反思和突破。为此，中国铁道出版社在联合教指委和研究会申报的若干"大学计算机基础教育改革立项课题"基础上，专门组织力量，与研究会共同成立了"大学计算机基础教育改革理论研究与课程方案"项目课题组，深入探讨了大学计算机基础教育面临的新形势和新问题。中国铁道出版社积极组织和协调了课题组先后举行的数十次大小型会议，保障了研究工作的顺利进行。中国铁道出版社还充分调动自身的优质资源和人才，承担了部分调研和编写工作。同时我社已有的课程开发和出版业务，以及正在进行的国际认证项目，为研究工作提供了丰富的素材，拓宽了研究思路，带来了更具国际化和前沿性的研究视野。在课题组成员、专家和各级院校的集思广益下，最终形成了《大学计算机基础教育改革理论研究与课程方案》（简称《方案》），由中国铁道出版社出版。

　　我国高校计算机基础教育主要是面向高校非计算机专业的计算机教育，非计算机专业学习者的就业方向涉及各行各业，信息化社会的岗位需求要求他们能够利用计算机解决专业/岗位的实际问题，因此就需要学生在校期间能够初步具备应用计算机技术解决学习工作中问题的能力（良好的行动能力）。伴随着社会的飞速发展和技术进步，专业/岗位的实际问题可能是前所未见的，需要创新的解决思路和方法，这就要求学生具备灵活高效的思维能力。行动能力和思维能力就是构成非计算机专业学习者计算机应用能力体系的重要组成部分，也是大学计算机基础教育的基本培养任务。《方案》对计算机应用能力结构进行了详细阐述，还提出了大学生计算机应用能力的基础标准，进一步完善了面向应用的计算机基础教育体系，并为此次课程改革在实践上提供了新的思路。

　　计算机基础教育面向应用这一本质，在计算机基础教育领域中基本达成了共识。然而，通向"面向应用"这一目标的道路却各有不同。《方案》提倡学生的计算机应用能力应该在实际的解决问题的过程中逐步提高。无论是行动能力还是思维能力，都是在主动探索解决方案的过程中才能得到有效的锻炼。行动能力指的是计算机操作能力，能够使用计算机，并根据实际问题开发并实施使用计算机的解决方案。行动能力在传统的大学计算机基础教育中始终有所强调，为了更好地培养行动能力，应该提倡在课堂中多使用典型案例/项目教学。对于思维能力，国内讨论热点一直是"计算思维"，然而计算思维的研究尚处于初期探索阶段。《方案》中提出的对计算思维的完整认识包括计算思维的概念性定义和操作性定义，并认为在教学中对计算思维的培养应该遵循操作性定义的指导，在应用计算机解决问题的过程中培养计算思维能力。计算机基础教育是一个综合性能力教育，不仅提升学生的操作能力，还培养了学生的科学思维能力，而科学思维能力包含了计算思维、逻辑思维等多种思维能力。

　　提倡思维能力培养的意义在于，传统的大学计算机基础教育以知识和技能传递为主要的教学方式，这种方式已经不适应对学生能力发展的需求，面临教学深化改革的今天，应该强调教学方式的转变，应该在注重知识和技能传递的同时，注重思维能力的发展，传统课堂应该向注重思维发展的问题解决型课堂转变。因此计算机基础教育应该始终坚持以培养学习者的计算机应用能力为目标，培养的过程中既要注重行动能力也要注重思维能力的发展，双管齐下，才能更有效地达到提升计算机应用能力的目标。

　　《方案》的出版是各界人士智慧的结晶，其中的理论分析与实践指导对当前的计算机教育发展有重要的参考价值。"实践是检验真理的唯一标准"，《方案》将在未来的

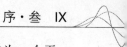

教育实践中接受检阅，并在今后的交流学习中不断完善。中国铁道出版社作为一个平台，支持和鼓励计算机基础教育领域的百家争鸣，不同思想的碰撞更能促进我国高校计算机基础教育的多元化深入发展。中国铁道出版社将继续推广和普及优秀的计算机基础教育理念，与更多的专家、学者和教师一起，开发更多先进的优质资源，从而实现成为可依赖的教育与培训资源服务提供商的愿景。

中国铁道出版社副总编 严晓舟

2014年7月

前　言
FOREWORD

　　大学计算机基础教育已经发展了三十多年，已成为我国高等教育教学的重要组成部分。它以培养学生应用计算机技术解决实际问题的能力为目标，使之成为在各自专业领域熟练掌握计算机应用能力的专门人才。大学计算机基础教育对实现我国信息化战略目标和提升全国人民信息素养起着举足轻重的作用。伴随着大学计算机基础教育教学改革的继续深化，高校计算机基础教育正在进入一个新的阶段，迫切需要有新的突破。在这样的背景下，由教育部高教司和教指委共同提出和推动，以计算思维为切入点的新一轮大学计算机基础教育教学改革在2012年正式启动。

　　面临这一发展的关键时期，需要对过去三十多年的经验进行全面、深入的总结，同时认真研究当前形势、未来趋势和主要任务，进一步明确大学计算机基础教育的指导思想，并开拓计算机基础教育新的发展之路。为此，2012年，教育部高等学校计算机基础课程教学指导委员会（简称"教指委"）与教育部高等学校文科计算机基础教学指导委员会（简称"文科教指委"）启动大学计算机课程改革项目。同年，全国高等院校计算机基础教育研究会（简称"研究会"）也启动了大学计算机课程改革项目。在中国铁道出版社的支持下，以教指委和研究会立项的六个项目组基础上，邀请多位全国知名的教授和具有丰富教学经验的一线教师，共同建立了大学计算机基础教育各个理论研究与课程方案项目课题组和编委会。这六个项目具体如下：

　　清华大学吴文虎教授主持的"以计算思维能力培养为主线的理工类专业大学计算机课程改革研究"；

　　中南大学杨长兴教授主持的"医药类大学生计算机应用能力培养优化研究及医药类大学计算机基础系列课程建设与改革"；

　　北京联合大学高林教授主持的"以计算思维为主线、应用能力为目标的大学计算机课程改革研究"；

　　北京师范大学沈复兴教授主持的"基于'计算思维'的师范类院校大学计算机课程改革"；

　　北京大学郭永清教授主持的"基于'计算思维'的医药信息技术课程体系构建"；

广东药学院周怡教授主持的"'医学信息分析与决策'课程对医药学生计算思维能力培养的研究"。

课题组以计算思维为切入点,从理论和实践两方面对大学计算机基础教育教学进行了深入的研究。逐步接触到大学计算机基础教育教学改革的核心,发现很多问题尚未厘清。课题组认为只有从理论和实践两个层面深入研究,科学地回答这些问题,才能正确把握这次大学计算机基础教育教学改革的大方向,也才能取得积极有效的成果。面临的主要问题如下:

一、关于计算思维

1. 计算思维概念的表述很容易与计算学科的知识点混淆,如抽象、自动化、建模、并行等,如何才能使人们将其理解为科学思维领域中的思维要素,并运用这些概念?

2. 计算思维要求人们要像计算机科学家那样思维,即在思考处理日常工作和生活中的各类问题时,首先将其抽象并建构数字化模型,然后由计算机进行处理。这无疑是信息时代处理问题的一种重要方式。但计算思维是否只有这一种处理问题的思考方式?如逻辑思维来自数学,但用其思考问题时则可能与数学无关,计算思维也能如此吗?计算思维真正成为人类思维领域的一种思维方式了吗?

3. 信息技术发展使人类从农业社会、工业社会步入信息社会,这不仅意味着经济社会的发展,而且使人类思维形式发生了巨大变化。除计算思维外,还提出了网络思维、互联网思维、移动互联网思维、数据思维、大数据思维等新的思维形式。它们属于计算思维吗?它们需要大学计算机基础教育培养吗?

二、关于计算思维能力培养

1. 如何进行计算思维能力培养,有观点认为要从计算学科入手,逐步建立计算思维的概念,设置计算思维导论课程或在课程中单独开设计算思维单元;也有认为不能单独开设计算思维课程,而要将计算思维融入其他大学计算机课程中。无论哪种认识,问题的关键应该是如何使人们建立起新的思维形式,故此计算思维的科学培养方式是什么?

2. 计算思维能力培养对大学计算机基础教育教学改革的意义与启示不仅在计算思维能力培养本身,更在于要求大学计算机基础教育要突破以往能力培养范畴,提升包括计算思维能力在内的普适性能力,从更高层面为专业服务。以计算思维为切入点,对大学计算机基础教育能力培养的深层启示究竟是什么?

三、关于大学计算机基础教育能力目标

1. 有观点认为在大学计算机基础教育能力培养中,将计算思维作为计算机文化、计算机应用能力之上的第三个层次。这将会进一步引出问题:计算思维与其他计算机应用能力之间是层次关系吗?

2. 大学计算机基础教育历史上曾提出过多种知识-能力培养的层次模型。计算思维是能力吗？大学计算机基础教育要培养的能力有哪些？它们与计算思维能力的关系如何？与计算机理论知识的关系如何？应如何建立新的能力模型？

四、关于大学计算机基础教育教学改革

1. 计算思维能力培养在大学计算机基础教育教学改革中的定位、作用和意义，是导向、核心、指导吗？计算思维能力培养的最终目的是什么？

2. 大学计算机基础教育这一概念的提出具有中国特色，国际上很多国家高等教育中并无此概念，但都存在非计算机专业的计算机课程。在新一轮大学计算机基础教育教学改革中，有提出取消"基础"两字，称为"大学计算机教育"，这必然引发对"大学计算机教育、大学计算机基础教育、大学计算机专业教育等概念内涵界定"这一老问题的重新讨论。我们应怎样认识？

3. 最后，大学计算机基础教育需要传承什么？改革什么？新一轮大学计算机基础教育教学改革的目标是什么？

课题组经一年多的理论与实践研究，对上述问题取得了一致认识，形成了系统性的研究成果，在此基础上，提出了新的大学计算机基础教育教学改革指导思想和课程开发方法，并开发了若干典型课程。现将这些研究成果汇总，形成《大学计算机基础教育改革理论研究与课程方案》（以下简称《方案》）一书，并予以发表。

《方案》分5部分，结构见图1。第1部分大学计算机基础教育教学改革导论（包括第1章）为大学计算机基础教学第三次改革的背景报告，回顾了我国大学计算机基础教育三十多年的发展历程，总结了这三十多年的基本经验，并阐述了新一轮大学计算机基础教育教学改革的背景和目标，体现了编者以传承与创新相结合的态度，推动新一轮大学计算机基础教育教学改革的精神。第2部分大学计算机基础教育教学改革的理论研究（包括第2、3、4、5、6章）为本方案的理论支持，秉承本次教育教学改革要以理论为指导的指导思想，通过对非IT类岗位对计算机技术的应用需求及大学新生掌握计算机基本操作的状况的调查分析，确定了课题研究的基础（第2章），阐述了作为教学改革理论基础的能力模型与能力培养理论（第3章）；阐述了计算思维完整性概念内涵与培养方式（第4章）；在此基础上给出以能力培养为主导的大学计算机基础教育课程设计理念与方法（第5章），以及基于计算机应用能力体系框架的《大学生计算机基本应用能力标准》简介（第6章）。第3部分大学计算机基础教育教学资源建设（包括第7、8章）主要介绍了支持课程设计框架的资源、技术及主要应用领域（第7章），并详细介绍了基于计算机应用四类技术的基础级课程资源（第8章）。第4部分大学计算机基础教育课程设计（包括第9、10、11章）为课程体系的详细说明，介绍了课程体系的构建原则和层次结构（第9章），以及符合该体系的计算机基础层次（第10章）和计算机技术层次（第11章）的课程案例。第5部分附录，包括《大学生计算机基本应用能力标准》、"非IT类工作岗位对计算机知识与应用能力需求"的调查问卷以及《非计算机专业大学新生计算机基本技能与基础知识掌握现状的调研报告》。

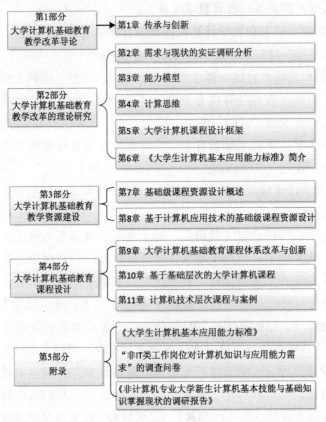

图1 本书结构

在课题研究和本书的编写过程中，先后参加讨论的专家、教师有（按姓氏笔画排列）：马燕林、王小玲、王兴玲、王建国、邓俊辉、毕卫红、朱鸣华、全渝娟、刘萍萍、李俊山、杨怀卿、沈军、施荣华、秦军、秦绪好、柴欣、高岩、郭松涛、黄勤、黄晓涛、董鸿晔、景红、戴仕明等。

先后给予配合与支持的院校有（排名不分先后）：清华大学、北京联合大学、北京语言大学、南京大学、吉林大学、北京工业大学、北京理工大学、重庆大学、北京林业大学、河南理工大学、郑州轻工业学院、河北农业大学、东北石油大学、苏州大学、湖北第二师范学院、河北民族师范学院、石家庄铁道大学、河北北方学院、南京艺术学院、北京印刷学院、南京体育学院、杭州师范大学、西安财经学院、西安工业大学、北京第二外国语学院、四川警察学院、河北经贸大学、河北医科大学、天津外国语大学、邵阳学院、北方工业大学、北京服装学院、河北建筑工程学院、广西师范大学漓江学院、上海电机学院、湖南理工学院、湖北工程学院、烟台大学、甘肃政法学院、兰州理工大学、湖北医药学院、杂志社、常熟理工学院、石家庄学院、廊坊师范学院、深圳职业技术学院等。

在项目研究和本书编写过程中，我国著名计算机教育专家谭浩强教授，对于研究的内容及方向，在从理论到实践的研究过程中，给予了大力支持和指导。全国高等学校计算机教育研究会理事长蒋宗礼教授对本书的一些重要观点提出了重要补充及相关修改意见。刘瑞挺教授、武马群教授、杨长兴教授、戴建耘（台湾）教授提出了极具建设性的修改意见。吴文虎教授主持了专家委员会的工作。高林教授主持了编写委员会的工作。全书由袁玫教授统稿，高林教授审定。

在建立课题组及后续的研究工作中，中国铁道出版社不仅支持、组织、协调了课题组的数十次大小型会议，而且安排人员直接参与了项目研究和《方案》编写工作，并结合国际化教学资源，为研究工作提供了丰富的素材，拓宽了研究思路，保障了研究工作的顺利进行。

在此对参与、支持、关注本项目研究和本书编写的上述专家、学者表示衷心的感谢。

由于计算机科学和信息技术发展的日新月异，教育行业的理念和方式也在不断变化，各专业和院校的具体情况也不能同一而论，因此《方案》不可能完全满足各类学校的所有需求。对于其中存在的问题和不足，以及意见和建议，恳请读者及时提出，以便我们组织有关专家对本书作进一步修改，以使其日臻完善。

大学计算机基础教育改革理论研究与课程方案项目课题组

2014年7月

目 录
CONTENTS

第3部分　大学计算机基础教育教学资源建设

第4部分　大学计算机基础教育课程设计

第5部分　附录

大学计算机基础教育
教学改革导论

第1部分

第1章 传承与创新

1.1 大学计算机基础教育三十年

高等院校非计算机专业计算机课程（即高校计算机基础教育），已经发展了三十多年，成为我国高等教育教学的重要组成部分，它以培养学生应用计算机技术解决实际问题的能力为目标，面向占全国大学生95%以上的非计算机专业学生，使之成为在各自的专业领域熟练掌握计算机应用的复合型人才。这对实现我国信息化战略目标和提升全国人民信息素养起着举足轻重的作用。

▶▶▶ 1.1.1 历史回顾

高等院校计算机基础教育始于20世纪70年代末，在三十多年的时间里经历了起步、发展和普及的三个阶段，伴随着我国出现的三次计算机普及高潮，成功地进行了两次深入的教学改革。

（1）应用需求催生的初期起步（20世纪70年代末—1990年）

20世纪70年代末，我国进行改革开放，先进的技术和方法不断涌入，学习和使用计算机成为各行各业迫切需要。当时国外已在全社会普及计算机应用，而在中国，只有计算机专业学生在学习计算机课程，大部分大学毕业生仍然是计算机盲。在这样的形势下，部分高等院校率先开始对大学教师进行知识更新与业务培训（外语和计算机），其后许多理工类大学陆续开设了面向非计算机专业大学生的计算机课程，开始了计算机基础教育的起步阶段。伴随着IBM PC以及与之配套的DOS操作系统、适合PC的BASIC语言和dBASE数据库等的出现，掀起了第一轮计算机基础的学习热潮。早期的计算机基础教学主要介绍计算机的发展简史、硬件基础知识和算法语言（ALGOL、FORTRAN和BASIC）等，高等院校广大非计算机专业学生（特别是工科）、部分科技和管理人员以及部分大城市的中学生是主要的学习对象。可以看到，在此阶段是应用需求推动了计算机教育在全国的普及。

1984年2月，邓小平同志在上海展览厅观看青少年计算机操作表演时，发出"计算机的普及要从娃娃做起"的号召。同年10月，诞生了全国高等院校计算机基础教育研究会（简称"研究会"），它以研究和推动非计算机专业的计算机教育为己任，研究会的成立宣告了我国有了专门研究和推动高等院校计算机基础教育的学术组织。

1985年，研究会在全国首次提出了贯穿大学四年的"四个层次"教学体系（见表1-1），全面规划了高等院校计算机基础课程。这个教学体系成为当时大多数高等院校的计算机基础课程设置依据。

表1-1 高等院校计算机基础教育的四个层次

第四层次	结合各专业的计算机应用课程
第三层次	软硬件知识进阶
第二层次	高级语言程序设计
第一层次	计算机基础知识和微机系统的操作使用

1986年4月，在北京香山成立了"高等院校非计算机专业计算课程教材评审组"，正式开始了高等院校计算机基础课程教材的编写和出版工作。

首届国际信息学奥林匹克竞赛（International Olympiad in Informatics，IOI）于1989年在保加利亚首都索非亚举行，中国从首届开始，参加了迄今为止全部24届的比赛，取得了优异的成绩。

这一阶段是我国计算机普及意识的觉醒，处于探索阶段。社会各界的迫切需求和积极参与是计算机普及的不竭动力，各类计算机教育相关团体的涌现也为计算机教育发展走上正轨贡献了力量。

（2）国家重视引领的进一步普及（1990—2000年）

计算机软硬件都有了重大突破，奔腾系列芯片的诞生，基于图形化的操作系统和应用软件的开发，以Internet为代表的网络技术的应用，使得计算机成为便于使用也更加实用的工具，全社会开始了新一轮的计算机普及与应用高潮。计算机基础教育渐渐由工科扩展到了理科，进而发展到了经济、农业、师范等各个专业，同时计算机也走出了高等院校和科研院所，走进了企业管理人员、公务员等群体。

国家开始重视计算机基础教育的发展，国家教育委员会（简称"国家教委"）在1990年年初建议成立非计算机专业的计算机课程指导委员会。同年12月，成立了工科计算机基础课程教学指导委员会，1995年成立了文科计算机教育指导小组。1992年，研究会在国家教委的支持下正式注册为具有法人资格的全国性的一级学术团体。1993年，国家教委考试中心开始组织《全国计算机等级考试大纲》的编写工作，同年12月考试大纲及题型示例通知基本定稿，次年11月全国计算机等级考试（National Computer

Rank Examination，NCRE）首次在全国17个城市进行笔试，宣告了我国首个面向全社会非计算机专业人士的计算机应用知识与技能水平考试体系建立。1996年，为了科学、系统地培养应用型信息技术人才，国家教委考试中心正式发布全国计算机应用技术证书考试（National Applied Information Technology Certificate，NIT）及其教材。同期，研究会迅速发展壮大，机电专业、财经管理专业、医学专业等专业委员会陆续成立，全国各地的计算机基础教育研究会也顺势而起，为教师提供了交流切磋的平台，为高等院校计算机基础教育的发展做出了极大的贡献。

1997年教育部高教司发布了《加强非计算机专业计算机基础教学工作的几点意见》（即155号文件），确立了计算机基础教学的"计算机文化基础、计算机技术基础、计算机应用基础"三个层次的课程体系，同时规划了"计算机文化基础""程序设计语言""计算机软件技术基础""计算机硬件技术基础"和"数据库应用基础"这五门课程及教学基本要求。这份纲领性文件，引导了我国计算机基础教育第一次教学改革，明确了计算机基础教学的改革重点是课程体系、教学内容和教学方法。

与上一阶段有所不同的是，这一阶段计算机基础教育有了三方面的进步：一方面，经过多年的实践探索，计算机基础教育的教学内容和教学体系逐渐成熟，从过去的四个层次到三个层次，并且课程按专业分类，更加具有针对性，由于普及对象的不断扩大，在教学内容上也更加贴近学习者的需求，在程序设计之外更为凸显计算机基本知识的重要性；另一方面，多媒体技术、计算机辅助教学（CAI）等教育技术走进千万课堂，冲击和改变着传统的教学模式，也深刻地影响着计算机基础教育的发展；最后一方面，在20世纪90年代末期至21世纪初期，在北京香山举行的全国少儿NIT教学与考试研讨会，以及面向全国观众播放的《计算机应用软件电视讲座》和《迎接新世纪——计算机新技术技能培训电视讲座》，进一步推动了计算机基础教育在全社会的普及。

（3）百花齐放，促进全社会应用普及的壮大成熟（2000—2010年）

千禧年之际，我国承办了第十二届国际信息学奥林匹克竞赛，再次激起了全社会，特别是青少年学习现代科学技术的热情。这一阶段，全社会都强烈意识到信息技术改变了人类的生活和生产方式，计算机基础教育由此进入蓬勃发展阶段。

2002年，研究会和清华大学出版社共同成立了"21世纪计算机基础教育改革课题组"，并于两年后（2004年）在研究会成立20年之际，发布了《中国高等学校计算机基础教育课程体系2004》（CFC 2004，俗称"蓝皮书"）。蓝皮书是一个十分重要的文件，它明确了计算机基础教育应当坚持面向应用的方向，根据应用需要设置课程和选择教学内容，进一步创造从应用角度构造课程体系的经验，同时确立了分层教学的理念，提出了理工类、财经类和文科非财经类专业以及高职、高专院校的计算机课程体系的参考方案，为不同领域多模式的计算机基础教育提供了可供选择的空间。其后分别在2006年和2008年发布了CFC 2006和CFC 2008。

2006年5月，教育部高教司和教育部高等学校计算机基础课程教学指导委员会（简称"教指委"）发布了《关于进一步加强高校计算机基础教学的意见暨计算机基础课程教学基本要求》（简称"白皮书"）。白皮书的发布开启了我国计算机基础教育的第二次教学改革，它明确提出了进一步加强计算机基础教学的若干建议，确立了"4领域×3层次"计算机基础教学内容知识结构的总体构架，构建了"1+N"的课程设置方案（1指第一门课程，N指若干门后续核心课程），并将"大学计算机基础"作为第一门课，同时设置了六门典型核心课程。此项改革促进了计算机基础教学不断向科学、规范、成熟的方向发展。2009年又在此基础上出版了《高等学校计算机基础教学发展战略研究报告暨计算机基础课程教学基本要求》，进一步完善了计算机基础教学的知识结构和课程设置方案，并描述了各专业大类核心课程的教学基本要求，进一步起到了对全国高等院校计算机基础教学的指导作用。

2007年，研究会第十五次学术年会（2007年）举行了隆重的《中国高职院校计算机教育体系（CVC 2007）》发布仪式，发布了我国高职院校有史以来涉及计算机教育的第一个全面系统的指导性文件，这是研究会全体会员同志们实践与智慧的结晶。对我国职业教育的发展起到重要的推动作用。

第三次计算机普及浪潮伴随着第二次计算机基础教育教学改革，以网络和信息技术为突破口，向一切有文化的人普及计算机的知识和应用。该阶段比上一阶段有所提高的方面主要体现在两点：一是由于社会迫切要求提高学生利用信息技术解决专业领域问题的能力，计算机基础教育逐渐同其他各个学科专业交叉与融合；二是计算机基础教育在高等院校的地位得到了巩固，许多院校纷纷成立了计算机基础教学部，改善了教学条件并稳定了师资队伍，提高了教学质量。

如上所述，计算机基础教育的每一次教学改革，都伴随着人们意识的提高、技术的发展和社会需求扩展。表1-2总结了计算机基础教育发展的三个历史阶段及特点/标志。

表1-2 计算机基础教育的历史回顾

时 间	阶 段	普及浪潮	教学改革	特点/标志
20世纪70年代末—1990年	初期起步	第一次计算机普及浪潮	—	意识觉醒，探索前进； 由应用需求推动； 全国高等院校计算机基础教育研究会成立； 提出四个层次教学体系

时　间	阶　段	普及浪潮	教学改革	特点/标志
1990—2000年	不断普及	第二次计算机普及浪潮	第一次计算机基础教育教学改革	国家重视，逐步规范； 国家教委建议成立非计算机专业的计算机课程指导委员会； 国家教委考试中心推出NCRE和NIT； 教育部高教司发布了155号文件，确立了计算机基础教学的三个层次的课程体系
2000—2010年	壮大成熟	第三次计算机普及浪潮	第二次计算机基础教育教学改革	百花齐放，分类指导，与应用相结合； 计算机基础教育蓝皮书（CFC）、白皮书、CVC相继发布； 白皮书确立了"4领域×3层次"教学内容知识结构的总体构架，构建了"1+N"的课程设置方案

▶▶▶1.1.2　现状

2010年至今，计算机基础教育一直处在调整发展阶段。该阶段面临的现实如下：

（1）计算机基础教育有明确的地位和任务

大学计算机基础教育发展至此，已经成为本科各专业培养中不可或缺的一部分，有了明确的科学定位，社会各界对其作用也有了理性认识。计算机基础教育的教学内容、知识体系框架和课程设置体系成熟明确，教学软硬件环境和教学方式都有了极大的改善，师资队伍也逐渐壮大，教育科研普遍受到重视。目前已经积累了大量优秀的教学共享资源、课程网站及一批重要课题的研究成果。这些都是计算机基础教育继续发展的有力支持。

（2）教学对象正在改变零起点

大学计算机基础教育现在和未来的学习者已是略有经验的网民，不再是零起点的"白纸"。一方面，随着全国各地中小学基础设施的完善和教学理念的更新，计算机教育在中小学的普及程度逐渐深入，越来越多的大学新生已经具备了一定的计算机操作能力甚至是应用能力；另一方面，随着信息技术在社会生活中的不断渗透，低年龄网民逐渐增多，计算机基础教育现在和未来将要面对的学生群体大部分是习惯了网络生活的"数字土著"，是互联网中最活跃的人群。他们从小就接触网络，对新兴事物从不拒绝甚至欢迎，他们将绝大部分空闲时间用在网上娱乐和社交，他们还将把生活中的更多时间用在网上学习和办公。

（3）社会信息化发展对人才需求的影响

随着信息化的深入渗透，各行各业的信息化进程不断加速。我国通过"九五""十五""十一五""十二五"等多个五年计划的建设，信息基础设施建设水平居世界前列。不论是各级政府机关、事业单位、国有企业，还是外资、合资、各类中小企业，都正在或者即将使用计算机办公和信息处理。对计算机的应用已经从办公自动化、文字与报表处理、工程设计自动化，逐渐向网上采购与供应链管理、网络广告、网络销售、在线支付的电子商务方向发展，因此对从业人员的计算机应用能力的要求也在提升。同时，我国信息化发展水平无论是"量"还是"质"，与发达国家还是有一定的差距，越来越多的用人单位为了提速发展、参与国际竞争，非常需要既掌握相关专业知识技能，又具备较强的计算机与网络应用能力的复合型人才。

（4）新一代信息技术的发展和迅速普及

当今信息技术发展中，新型网络应用快速增长，互联网发展创新速度之快前所未有。随着移动终端的多样化（智能手机、笔记本式计算机、平板电脑等），接入网络的便捷性（无线局域网Wi-Fi、无线城域网WiMax、移动通信网3G/4G等），移动通信帮助用户实现了随时随地访问任何需要的信息、使用互联网各种服务。RFID、传感器与控制设备等的接入，使物联网应用成为可能。物联网在互联网和移动互联网实现的人与人信息交互共享的基础上，进一步扩大到人与物的互联，实现了物理世界与信息世界的交叉融合，构成了一个真正"无所不在"的网络社会。

三网融合（互联网、移动互联网、物联网）进一步使得网络传输、存储、处理的数据量呈爆炸性发展的趋势。人类社会每年所产生的数据量实在太大，已经无法用准确的方法计算。而且数据收集的方式不同，数据的形式、结构和语义亦存在很大差别，且都呈现出一种快速增长的趋势。这样一来，无论是数据的采集、存储、维护，还是管理、分析和共享，对人类都是一种挑战。应对这样的挑战，将引发人类社会在科研、商业、医疗、国家安全等方面开创新的局面。在这样的背景下，大数据研究产生了。大数据要解决的根本问题是：如何从海量数据中及时发现有价值的信息，把这些数据转化成有组织的知识，变成宝贵的财富。大数据挑战的实质是：人类对客观世界（自然界与人类社会）分析、研究的基础与方法从量变开始转向质变，预示着人类对客观世界认知水平的飞跃。

这些信息技术领域的新概念、新方法、新技术的普及，迅速影响着人们理解世界的方法和思考方式，也从方方面面影响着人们的生活、学习和工作。

在这样的背景下，大学计算机基础教育的第三次教学改革在2012年正式拉开了序幕，由教育部高教司和教指委共同提出和推动，并将原大学计算机基础课程更名为大学计算机课程。

➤➤➤ 1.1.3　未来趋势

在这样的发展进程中，大学计算机基础教育呈现出以下的发展趋势：

（1）完善适应未来学习者基础的大学计算机基础教育

正在摆脱计算机知识和应用能力零基础的学习者们（数字土著，或在中小学已经接受了信息技术教育的学生），已经掌握的知识和能力，获取知识、学习技能的方式，他们的行为特征，等等，都直接影响着他们进入大学后的学习方式和交流方式，也必定影响到大学计算机基础教育的内容、体系，甚至是教学改革的方向。因此大学计算机基础教育应该更加注重与中小学教育的衔接、与学习者已有水平的衔接。

当前大学计算机基础课程起点偏低，而内容与中小学信息技术课程重复较多，导致不少高等院校的计算机基础课程学时数被不断削减甚至面临被取消的危险。通过调研发现，大学新生计算机应用能力总体水平的提高与发展不平衡、不规范并存。针对这种情况，大学计算机基础教育应该首先补齐、规范学生的计算机基本操作能力，再提高计算机应用能力。这就需要在知识体系，甚至课程设置上进行调整。例如精选内容，提高起点，加强与基础教育的衔接，调整和明确课程的核心任务，灵活进行课程设置，根据需要开设网络课程、必修或选修课程，进行个性化学习。

随着中小学信息技术的大力普及和网络生活的发展，学生的基础情况在今后还将会有新的变化，这就需要及时调研，准确把握学生现状，适时调整大学计算机基础教育的目标、内容、方法，以更有效地提高学习者的计算机应用能力。

（2）计算机技术与专业的深层次融合

各行各业的工作与计算机技术的深层次融合，明显提高了社会对专业能力和计算机应用能力兼备的复合型人才的需求。各专业学科也在计算机技术的支持下，全面提高了教学与科研的水平。当前各学科专业的培养方案都对计算机应用提出了要求，大学计算机基础教育与专业的结合正在进行。但是，很多专业虽然需要应用计算机，但是难以列出清晰的教学目标和教学内容，而有些承担计算机基础教育的教师并不具备教授与专业结合的计算机应用课程的能力。

高等院校进行计算机基础教育的好坏影响着未来就业者的水平，也影响着我国各行各业各领域计算机应用的水平。因此更需要促进计算机基础教育与专业的紧密结合，根据不同专业的要求，设置课程，教学目标不应仅仅局限于掌握基本的知识和操作，而应该面向利用计算机技术解决专业性问题。

（3）知识/技术型教学向思维行动型教学转化

21世纪以来，信息技术继续在迅猛发展，极大地改变了人们对于计算机的认识。

计算机作为人类通用智力工具其深刻内涵正在被当今社会的发展进一步揭示与提升，形成普适性的科学思维和行为方式（计算思维）。学生学习计算机课程已经不仅为了学会应用计算机，而是借此掌握一种解决问题的思维方式与行动能力。这对于学生从事任何事业都是终身受益的。因为，我们面对的是毫无线索的未知，学生需要解决今天还未出现过的难题，甚至从事过去并不存在的工作，适应从未经历过的环境。而且也不可能通过有限的课程把与计算机应用相关的所有知识和技术都传授给学生。知识和能力是有限的，而掌握了思维方式、具备行动能力之后，就能从这有限中开发出无限可能，就能增强创造力，焕发创新精神。

以往，大学计算机基础课程的重点是教会学生使用常用软件工具，课程目标更多地侧重基础知识和操作技能的培养，而对思维能力的体现不够，不能满足培养学生适应时代快速发展的基本要求。计算机基础教育不应该仅仅是传统知识和技能的传授，而应以解决实际问题为目标（以应用为目标），注重学生在学习过程中各种思维方式和行动能力的培养。由于大学计算机基础教育的学科属性，其所培养的思维能力中凸显的是计算思维能力。

在世界范围内信息技术以空前的速度迅猛发展，新的技术和新的方法层出不穷，这就要求大学计算机基础教育必须紧跟信息技术发展的潮流、超前设计、不断探索新时期大学计算机基础教育的教学理念。

1.2　大学计算机基础教育的基本经验

大学计算机基础教育历经三十多年，创新性地在我国高等教育中确立了大学计算机基础教育的教学地位，积累了丰富的教学经验，逐步探索形成了"面向应用、需求导向、能力主导、分类指导"的大学计算机基础教育基本规律。大学计算机基础教育基本规律是面向未来不断改革创新的基础，以计算思维能力培养为切入点的新一轮大学计算机基础教育教学改革也应以此为基础，在传承中创新。

1. 面向应用

首先，大学计算机基础教育是面向应用的教育，道理很简单，大学计算机基础教育不是计算机学科教育，也不是高等教育意义上的第二学位教育，属本科基础教育范畴，服务于学生所修的专业，因此必然是面向应用的。大学计算机基础教育面向应用有如下几层含义：

（1）面向专业教学应用

大学计算机基础教育是服务于非计算机专业的教育，高等教育中所有专业的学生都必须学习和掌握计算机相关技术，其目的在于运用它们完成本专业的学习任

务，服务于本专业的教学需要。这就要求大学计算机基础教育的教学内容要符合专业的需要

（2）面向专业工作应用

我们已经步入信息社会，任何专业工作都离不开以计算机为基础的信息技术的支持，各行各业都需要应用计算机辅助完成其相应领域的工作，而且伴随信息技术的快速发展，对专业工作应用的影响越来越大，对从业人员计算机应用能力的要求越来越高。

（3）面向学生个人生涯发展应用

大学计算机基础教育还具有素质教育的性质，除满足学生就业工作以及相应职业需求外，还应面向学生个人生涯发展，使学生掌握生活中所需的计算机技术，提升他们的信息素养。

2. 需求导向

需求导向是面向应用的必然结果。大学计算机基础教育的课程与教学内容是由需求决定的。在大数据时代，"需求导向"也要用数据说话，因此关于专业与职业对计算机的需求及大学新生已经学习和掌握计算机基本应用能力的实际状态调研和结果分析，将是大学计算机基础教育教学改革的基础。大学计算机基础教育的需求主要来自两个方面：

（1）专业与职业对计算机的需求

这里的计算机泛指专业与职业对计算机需求的全部内容，包括：计算机科学、技术、技能、素养等诸多方面；专业指非计算机专业学生所修专业；职业指学生毕业后较长时间内可能从事或晋升的职业。但由于大学计算机基础教育是为专业服务的基础教育，受学时所限，必须在有限学时内完成教学任务，实质上必须进行课程与教学内容的优化。

（2）大学新生已经学习和掌握计算机基本应用能力的实际状态需求

我国基础教育领域中，信息技术标准的制定和颁布，以及中小学信息技术教育的广泛开展，使大学新生已经学习和掌握的计算机能力有了很大提升。以往的大学计算机基础教育的很多内容已反映在中小学信息技术课程标准中，于是"大学计算机基础教育是否还有必要存在"的问题凸显出来。这需要客观估计大学新生已经学习和掌握计算机能力的实际状态，以确定大学计算机基础教育的起点需求。但重要的是这里讲的"实际状态"，是对全体大学新生而言，而非某一学校或专业的个案举例。目前我国每年本科入学新生大约350万人，由于高考没有对计算机操作掌握情况提出要求，如何摸清这一"实际状态"仍是一个难题。

3. 能力主导

面向应用、需求导向的结果决定了大学计算机基础教育必然是以能力主导的教育，能力主导包括两方面的含义：

首先，以往的大学计算机基础教育，要求所有专业必修的大学计算机基础教育第一门课程是"大学计算机基础"或"大学计算机文化"。课程内容一般包括：计算机基础知识、应用环境平台、操作系统、办公软件和网络应用等，主要是将计算机视为基本工具，培养学生计算机基本操作能力，即使用计算机、基本的网络应用、信息获取、文字处理、电子表格应用、演示文稿制作的能力。因此，以往认识上常将计算机基本操作能力视为大学计算机基础教育所包含的全部计算机应用能力，这实际是对能力概念的一个极大误解。能力是个上位概念，对于计算机应用能力至少应包括计算机基本应用能力、计算机技术应用能力、计算机综合应用能力，以及大学计算机基础教育可以融入、提升的思维、行动、解决问题、创新应用等普适性能力，这些能力及其之间的关系共同构成计算机应用的能力体系。因此，大学计算机基础教育以"能力主导"指的是计算机应用能力体系中的全部能力，本书第3章将对其进行详细阐述。

其次，知识是对能力的支持，而且具备的能力越复杂，需要的知识层次越高，大学计算机基础教育离不开计算机学科理论的支持，但知识必须内化为能力才有意义。英国著名思想家、哲学家弗兰西斯·培根（Frands Bacon）有一句名言："知识就是力量，但更重要的是运用知识的技能"，非常好地诠释了知识与能力的关系。

4. 分类指导

分类指导是大学计算机基础教育的基本经验，也是基本规律。无论是各级教学指导机构、研究会等指导部门，还是各高等院校大学计算机基础教育实施部门，都提出和实施了对大学计算机基础教育的分类指导。其内涵主要是对各学科专业的分类指导，对不同类别的学科专业，实施既有共性特征，也有差异特点的大学计算机基础教育。如教育部教指委就分别设立理工类、文科类的分指导委员会；研究会按学科专业设有理工类、文科类、农林类、医学类、师范类等分类的专业委员会。

在高等教育大众化发展的新形势下，高等教育对分类指导又提出了新要求，使分类指导具有新的内涵。十年来我国高等教育逐步实施了人才培养分类、教育类型分类和高等院校分类。因此必须考虑高等教育分类发展对大学计算机基础教育的要求。依据不同类型、不同院校培养目标的不同，对大学计算机基础教育课程和教学存在要求的不同，实施大学计算机基础教育的分类发展。

这样将从学科专业分类指导的一维分类指导状态，发展为学科专业与教育性质的二维分类指导状态。

1.3　新一轮大学计算机基础教育教学改革

▶▶▶1.3.1　改革的背景

三十多年来大学计算机基础教育已经积累的成功经验是开展新一轮大学计算机基础教育教学改革的基础。但高等教育发展的新形势，对大学计算机基础教育不断提出新的要求，其自身也遇到新的困难和挑战。为此，当前必须坚持改革创新，才能使大学计算机基础教育更好的发展。

新一轮大学计算机基础教育教学改革的背景有以下方面：

1. 学生基础提高和需求多样化

正如前文所述，由于我国基础教育已推广、实施信息技术标准，中小学计算机教育广泛开展，使大学新生所掌握的计算机基础知识和基本操作能力有了很大提升。尤其是一些重点大学新生的计算机基本操作能力已经达到或超出了大学计算机基础教育课程的目标要求，一些学校开始压缩大学计算机基础教育课程的学时，甚至逐步取消相关课程，大学计算机基础教育面临很大压力。

我们对大学新生已经学习和掌握的计算机基本操作能力水平的实际状态进行了调研，形成了《非计算机专业大学新生计算机基本技能与基础知识掌握现状的调研报告》(详见附录C)。调研报告表明，从总体来看，大学新生的计算机基本操作能力水平确有很大提高，但尚不能得出"大学新生计算机基本操作能力水平已经达到大学计算机基础教育课程目标要求"这一结论。一方面，总体上说学生掌握计算机基本操作能力的实际状态可概括为"不均衡"，其一，高考分数高低之间的"不均衡"，高考虽然没有计算机基本操作能力方面的考核，但高考分数高，尤其考入重点高校学生一般掌握计算机基本操作能力会些好些；其二，来自不同地区学生能力的"不均衡"，经济发达地区一般优于经济欠发达地区。另一方面，学生个体掌握计算机基本操作的实际状态"不规范、不系统"，表现为对计算机基本操作中各部分内容按兴趣高低决定所掌握的内容，整体呈现"不规范、不系统"。

大学新生群体所呈现出的计算机基本操作能力的"不均衡"和"不规范、不系统"状态，决定学生对统一规划的计算机基础教育课程的需求已不适应当前要求，学生对计算机基础教育课程的需求具有多样性。

2. 计算机技术发展周期缩短，要求及时更新课程内容

当前计算机技术的迅速发展仍然是支持和推动经济社会发展的强大动力，而且从新技术的研发，到技术应用，再到产品更新，周期越来越短，对大学计算机基础教育

课程内容的更新提出了更高、更迫切的要求。大学计算机基础教育课程内容如不及时更新，很快就会过时，无法满足专业对大学计算机基础教育的需求。所以只有构建大学计算机基础教育改革和课程内容更新的机制，才能使之不断适应专业对计算机应用的新需求。

3. 我国经济的新要求影响大学计算机基础教育

当前中国经济正进入转型期，表现在产业升级、重视环保等诸多方面，加强技术研发、产品创新成为推进经济社会发展的动力，其对高等教育人才培养必然会提出新的要求，尤其是如何在专业理论教学基础上，进一步提升学生解决问题的能力和创新能力的培养成为高等教育专业改革的新主题。作为为专业服务的大学计算机基础教育，在以计算机技术技能培养为主的基础上，进一步培养思维能力及行动能力，提升解决问题能力和创新能力，成为促进大学计算机基础教育教学改革的新要求。

4. 计算思维概念的提出

计算机学科的发展以及计算思维概念的提出，为大学计算机基础教育增添了新内容。作为一种源自计算机学科的思维方式，如何将其演变和提升为能解决各专业以及社会生活领域的普适性思维方式，需要计算机专家和哲学家进一步深入研究，也需要在大学计算机基础教育教学改革的实践中，结合课程教学，探索计算思维能力的培养。这也成为大学计算机基础教育教学改革的重要任务。

当前对计算思维的认识尚处于发展阶段，很多问题还值得深入研究。例如：什么是计算思维的完整定义；如何通过大学计算机基础教育对各层次、各类型大学生培养计算思维能力；计算思维与信息社会发展产生的诸多新思维的关系，如计算思维与网络思维、互联网思维、移动互联思维、数据思维的关系等；计算思维如何在非计算机领域应用等。

▶▶▶ 1.3.2　改革的目标

厘清大学计算机基础教育教学改革的背景，新一轮大学计算机基础教育教学改革的目标也就呼之欲出了。

1. 设计多样化"大学计算机"课程，实施个性化教学

中小学计算机教育提升了大学计算机基础教育的起点，也带来了大学新生掌握计算机知识和技能"不均衡"和"不规范、不系统"的问题。以往大学计算机基础教育实施的"一致的课程体系、统一的课程大纲"已不适应当今学生的特点，当前的改革必须改变这种课程及教学模式，基于学生对大学计算机课程的不同需求，设置基本标准与实施因材施教相结合，设计多样化"大学计算机"课程，运用现代教学技术，实施

个性化教学，以利于对起点不同的学生，达到各按步伐、共同提高的目的。

2. 适应计算机技术发展趋势，更新课程内容

为适应计算机技术发展的新趋势，要从适应计算机技术发展的背景下重新审视、设计大学计算机基础教育课程的内容。对大学计算机基础教育课程体系必须重新研究，突破以往的1+N课程体系模式，实现课程体系创新。

3. 重视计算思维能力培养

计算思维是计算机学科发展提升到思维科学层面的新概念，是新的科学思维形式，作为大学计算机基础教育，理应以计算思维能力培养为己任，更加重视计算思维能力培养，尽早将计算思维能力培养纳入计算机基础教育课程教学，实现以计算思维能力培养为切入点，推动新一轮大学计算机基础教育教学改革。

4. 提升运用计算机技术解决问题的能力

以往的大学计算机基础教育教学目的在于学习计算机理论知识，掌握计算机技术，学会计算机操作，以支持和帮助专业学习和工作。伴随我国经济转型和提升人才能力结构，大学计算机基础教育的教学目标要向培养运用计算机解决问题的能力方向发展，在解决问题的过程中，体验、培养科学思维和科学行动能力，计算思维能力培养也要以具体问题为载体。

5. 推进教育信息化

2012年以来，国际高等教育出现的MOOC热潮是信息技术带给教育领域的一次革命性的挑战。一年多来数字化课程平台、微课程、翻转课堂，以及MOOC课程等新的课程和教学形式，调动了学生学习积极性，促进了个性化学习，对高等教育产生着巨大的冲击。新一轮大学计算机基础教育尤其必须与教育信息化相结合，在实现自身改革的同时，推进和引领教育信息化发展。

大学计算机基础教育
教学改革的理论研究

第2部分

第2章 需求与现状的实证调研分析

大学计算机基础教育的重要特征之一是面向需求。这里提及的需求包括目标需求和起点需求。所谓目标需求是与大学计算机基础教育目标相关的需求；起点需求是必须符合大学生计算机基础教育的起点要求。确定需求是本课题研究的起点。本项目组通过调研分析确定目标需求和起点需求。

2.1 调研方案设计

1. 调研目的

本调研旨在通过样本实验数据分析、调查问卷以及互联网数据等方式的调研，了解大学新生所具备的计算机基本应用能力，了解企业对毕业生所应具备的计算机应用能力的要求，为大学计算机基础教育教学改革提供决策支持。

2. 调研意义

（1）确定目标需求

随着信息技术的飞速发展，计算机技术的应用已日益渗透到人类社会的方方面面，给科技、经济等各领域带来深刻的影响和变化，计算机已成为人们日常生活和工作中不可或缺的一部分。近年来，我国计算机的使用得到普及、信息化程度在逐步提升，那么在目前我国各类职业（非IT类）的工作岗位上，对计算机知识与应用能力的需求到底如何？相关的实证数据与研究报告还不多见。为此，本项目组开展了"非IT类工作岗位对计算机知识与应用能力需求"的调研，通过获取相关数据，从工作岗位需求的角度了解大学计算机基础教育的目标需求，以期为大学计算机基础教育改革与学术研究提供参考和依据。

（2）确定起点需求

按照教育部的规划，已在中小学实施《信息技术课程标准》。进入高等学校的大学新生有相当一部分已经具备一定的计算机操作能力。但是由于中学"信息技术"课程不是高考科目，这门课程的实际教学状况差异很大，总体上很难达到中小学《信息技术课程标准》的要求。另外，由于地区经济、教育发展不平衡，导致学生使用计算机的能力差异非常大。如何评价当前大学新生的计算机应用能力？大学新生计算机应用能力达到什么程度？只有搞清楚现状，确定大学计算机基础教育的起点需求，才能使需求导向的教学改革落到实处。

3. 调研方案

本项调研工作采用实证数据分析、调查问卷、文献资料调研相结合的方法进行。其中实证数据是"全国大学生计算机应用与信息素养大赛"（简称"大赛"）的竞赛成绩，亦即学生对计算机基础知识和基本操作技能的掌握情况；调查问卷主要针对非计算机专业、毕业一年以上从事非IT类工作的毕业生，了解他们在实际工作中对计算机基本操作、基本技术的需求情况；文献资料调研则主要是针对互联网及文献数据库进行的调研。

2.2　"非IT类工作岗位对计算机知识与应用能力需求"的调查

调研采取了问卷调查的形式。调查对象是非IT类职业工作岗位上的大专以上学历工作人员，调查方法采取随机抽样，调查范围主要是北京地区涉及九大行业的企事业单位中非IT类的各工作岗位。调查问卷设计对非IT类工作岗位上计算机知识与能力的需求内容进行了分解和归类，调查的内容主要分为两部分：第一部分是"非IT工作岗位上计算机知识与能力需求的分项（类）内容调查"，采用排序的方式进行调查；第二部分是"非IT类工作岗位上计算机知识与能力需求的整体内容调查"，采用选择填空和问答的方式进行调查。调查问卷共发放216份，回收216份。调查结果如下所述。

▶▶▶2.2.1　调查对象基本情况

本次接受调查的216位非IT类工作岗位人员的具体情况如下：

1. 涉及行业

本次接受调查人员所在单位涉及的行业主要包括九大方面，其中在"文化、体育和娱乐业"的占24.5%，"房地产及服务业"的占20.4%，分列前两位，也有13.9%的被调查者单位不属于这九大行业，见表2-1。

表2-1　被调查者单位所在的行业数据统计

序号	行　业　名　称	计　　数	占　　比/%
1	制造业	19	8.8
2	建筑	14	6.5
3	交通运输、仓储和邮政业	7	3.2
4	教育	24	11.1
5	公共设施管理和社会福利业	11	5.1

续表

序 号	行 业 名 称	计 数	占 比/%
6	金融业	6	2.8
7	房地产及服务业	44	20.4
8	批发和零售业	8	3.7
9	文化、体育和娱乐业	53	24.5
10	其他	30	13.9

2. 单位所有制

本次接受调查人员所在单位所有制形式以民营居多，占比超过一半以上，占比58.8%，其次是国有，占比26.4%，见表2-2。

表2-2 被调查者单位的所有制形式

序 号	单位所有制形式	计 数	占 比/%
1	国有	57	26.4
2	民营	127	58.8
3	港、澳、台资	5	2.3
4	外资	17	7.9
5	其他	10	4.6

3. 单位属性

本次接受调查人员所在单位的属性为企业的超过2/3，占比74.5%，见表2-3。

表2-3 被调查者单位属性

序 号	单 位 属 性	计 数	占 比/%
1	企业	161	74.5
2	事业	52	24.1
3	未知（未填写）	3	1.4

4. 单位成立年限

本次接受调查人员所在单位成立的年限以10年以上居多，超过一半，占比65.3%，见表2-4。

表2-4 被调查者单位成立年限

序 号	单位成立年限	计 数	占 比/%
1	1～5年	32	14.8
2	5～10年	43	19.9
3	10年以上	141	65.3

5. 单位规模

本次接受调查人员所在单位的规模绝大多数属于中小规模程度，占比82.4%，500人以上规模的单位仅占17.6%，见表2-5。

表2-5　被调查者的单位规模

序号	单　位　规　模	计　数	占　比/%
1	100人以下	68	31.5
2	100～500人	110	50.9
3	500人以上	38	17.6

6. 工作中角色

本次接受调查人员在单位工作中担任的角色主要在三大类：工程技术人员，占比21.7%；生产服务人员，占比36.1%；经营管理人员，占比25.5%，见表2-6。

表2-6　被调查者在工作中的领域角色

序号	工作中角色	计　数	占　比/%
1	工程技术人员	47	21.7
2	生产服务人员	78	36.1
3	经营管理人员	55	25.5
4	其他	36	16.7

7. 工作部门

本次接受调查人员有一半在单位的服务部门工作，见表2-7。

表2-7　被调查者工作单位所在工作部门

序号	工　作　部　门	计　数	占　比/%
1	生产（业务）部门	28	12.9
2	管理部门	46	21.3
3	服务部门	109	50.5
4	研究设计部门	19	8.8
5	其他	14	6.5

8. 工作岗位

本次接受调查人员在单位从事工作的岗位以一般职员工作岗位居多，占比60.2%，见表2-8。

表2-8　被调查者的工作岗位

序号	工　作　岗　位	计　数	占　比/%
1	高管	11	5.1
2	中层管理人员	44	20.4

序号	工　作　岗　位	计　数	占　比/%
3	技术负责人员	28	12.9
4	一般职员	130	60.2
5	其他	3	1.4

9. 工作年限

本次接受调查人员工作的年限情况比较均衡，基本是2年以下、3～5年和6～10年的各占1/3，没有工作超过10年以上的，可以说都是年轻人，见表2-9。

表2-9　被调查者工作的年限

序号	工　作　年　限	计　数	占　比/%
1	2年以下	80	37
2	3～5年	67	31
3	6～10年	69	32

10. 所学专业

本次接受调查人员所学的专业相比文科类多些，占比33.6%，见表2-10。

表2-10　被调查者所学专业

序号	所　学　专　业	计　数	占　比/%
1	电类工科	17	7.9
2	非电类工科	22	10.2
3	经管类	42	19.4
4	理科	55	25.5
5	文科类	73	33.8
6	其他	7	3.2

11. 学历层次

本次接受调查人员所具有本科以上学历层次的超过一半，占比52.8%，专科层次占比46.3%，见表2-11。

表2-11　被调查者的学历层次

序号	学　历　层　次	计　数	占　比/%
1	大专(高职)	100	46.3
2	本科	84	38.9
3	研究生	30	13.9
4	其他	1	0.5

▶▶▶ 2.2.2　非IT类工作岗位上计算机知识与应用能力需求的分项（类）内容调查

本部分调查分为七大项（类），要求接受调查人员根据自己工作实际情况，对所列七大项（类）中计算机知识与应用能力的内容，根据对工作需要的重要程度进行排序，七大项调查统计结果分列如下：

1. 计算机基本知识

对于计算机基本知识内容方面列出七项选择，调查统计结果显示，重要性排在第一位的是网络与通信知识，第二位的是信息安全与防护知识，第三位的是计算机系统的知识，见表2-12。

表2-12　计算机基本知识重要性排序

序　号	项　　目	排　序　结　果
A	计算机发展历史	6
B	计算机基本原理（二进制等）	5
C	计算机基本结构组成	4
D	计算机系统	3
E	网络与通信	1
F	信息安全与防护	2
G	其他	7

2. 计算机基本技能（基本工具的使用）

对计算机基本技能（基本工具的使用）方面列出八项选择，调查统计结果显示，重要性排在第一位的是Office办公软件使用；第二位的是Internet使用；第三位的是Windows操作系统使用。显然，这是接受调查人员工作中用到最多的基本工具，见表2-13。

表2-13　计算机基本技能（基本工具的使用）重要性排序

序　号	项　　目	排　序　结　果
A	Windows操作系统使用	3
B	Office办公软件使用	1
C	Internet使用	2
D	Access使用	6
E	多媒体软件使用	4
F	杀毒软件使用	5
G	中小计算机系统和网站搭建与管理	7
H	其他	8

3. 程序设计技术及应用

此项共列出七项选择，调查统计结果显示，在程序设计技术及应用方面重要性排在第一位的是编码；第二位的是数据结构设计；第三位的是程序设计，见表2-14。

表2-14　程序设计技术及应用内容重要性排序

序　号	项　目	排　序　结　果
A	编码	1
B	算法设计	6
C	数据结构设计	2
D	程序设计	3
E	程序测试	5
F	系统测试	4
G	其他	7

4. 数据库技术及应用

此项共列出五项选择，调查统计结果显示，数据库技术及应用方面排在第一位的是使用数据库应用系统完成本岗位工作任务；第二位的是参与单位数据库应用系统的日常运行、管理与维护；第三位的是参与数据应用系统的资源建设，如收集、整理、规范数据资源，见表2-15。

表2-15　数据库技术及应用内容重要性排序

序　号	项　目	排　序　结　果
A	使用数据库应用系统完成本岗位工作任务	1
B	参与单位数据库应用系统的日常运行、管理与维护	2
C	参与数据库应用系统的数据资源建设，如收集、整理、规范数据资源	3
D	参与数据库应用系统设计、安装、调试	4
E	其他	5

5. 信息获取

在信息获取方面共列出六项选择，调查统计结果显示，收集信息、统计信息、处理信息分列第一、第二、第三位，见表2-16。

表2-16　信息获取方面重要性排序

序　号	项　目	排　序　结　果
A	收集信息	1
B	统计信息	2

续表

序　号	项　目	排　序　结　果
C	处理信息	3
D	分析信息	4
E	存储与管理信息	5
F	其他	6

6. 计算思维能力

对计算思维能力方面的选项共列出六项，调查统计结果显示：信息与网络排在第一位；构建数字模型排在第二位；模拟与仿真排在第三位，见表2-17。

表2-17　计算思维能力方面的重要性排序

序　号	项　目	排　序　结　果
A	抽象与自动化	5
B	构建数字模型	2
C	模拟与仿真	3
D	集中与分布处理	4
E	信息与网络	1
F	其他	6

7. 计算机综合应用能力（信息行动能力）

在计算机综合应用能力（信息行动能力）共列出6项选择，调查统计结果显示：收集信息排在第一位；设计方案排在第二位；编制计划排在第三位，见表2-18。

表2-18　计算机综合应用能力（信息行动能力）方面重要性排序

序　号	项　目	排　序　结　果
A	收集信息	1
B	设计方案	2
C	编制计划	3
D	作业实施	4
E	测试评价	5
F	其他	6

▶▶▶2.2.3　非IT类工作岗位上计算机知识与应用能力需求的整体内容调查

本部分主要是对非IT类工作岗位上计算机知识与应用能力需求的整体内容调查，

包括将以上分列的七大项（类）作为一个整体，由接受调查的人员根据工作的实际情况进行整体判断和选择；以及对目前在各工作岗位中计算机应用的主要领域与支撑的主要技术情况。调查统计结果如下：

1. 计算机基本技能和基础知识

此项共列出七个选择项，包括使用计算机编辑文档、使用计算机管理统计数据、使用计算机制作演讲稿、使用网络进行浏览、交流、购物等、计算机及网络应用（计算机基本操作，收发电子邮件，使用Internet等）、常用软件的应用（办公软件，查杀病毒软件，压缩软件，娱乐软件等）以及其他。要求接受调查人员根据工作实际，整体判断选择一下哪些项是工作中应该掌握并常用到的。

调查统计结果显示：选择"使用计算机管理统计数据"和"计算机及网络应用（计算机基本操作，收发电子邮件，使用Internet等）"两项的人数最多，并列排在第一位，"常用软件的应用（办公软件，查杀病毒软件，压缩软件，娱乐软件等）"，排在第三位，而且，整个七个选项中，除去"其他"项选择人次较少外，其余六个选项选择的人次数非常接近，其各占总选项人次数的比例最大差值仅1.2%，其各占被调查总人数（216人）的比例均超过80%。说明此项调查所列这六项内容是从事非IT类工作应掌握的计算机基本技能和基础知识，得到了绝大多数被调查者的一致认同。详细数据见表2-19。

表2-19　非IT类工作应掌握的计算机基本技能和基础知识

内　　容	计　数	排　序	占总人次/%	占总人数/%
A. 使用计算机编辑文档	185	4	16.6	85.6
B. 使用计算机管理统计数据	189	1	16.9	87.5
C. 使用计算机制作演讲稿	175	6	15.7	81
D. 使用网络进行浏览、交流、购物等	182	5	16.3	84.3
E. 计算机及网络应用（计算机基本操作、收发电子邮件、使用Internet等）	189	1	16.9	87.5
F. 常用软件的应用（办公软件、查杀病毒软件、压缩软件、娱乐软件等）	187	3	16.8	86.6
G. 其他	8	7	0.7	3.7

2. 计算机应用领域和支持技术

此项是对非IT类工作岗位工作中面向的计算机应用领域和可能需要掌握的支持技术进行调查，共列出四大主要应用领域，包括计算、数据、网络、设计领域；相应的支持技术是计算技术、数据技术、网络技术及设计技术。要求接受调查人员根据自身工作经验和认识，选择确定四大应用领域的子领域内容和四大类支持技术的子技术内容。

调查统计结果显示：在四大应用领域的"计算"应用领域中，排在前三位的是"数字计算""专业计算""工程计算"；在"数据"应用领域中，排在前三位的是"数据获取""数据管理""数据发布"；在"网络"应用领域，排在前三位的是"互联网""局域网""无线网"；在"设计"应用领域，排在前三位的是"艺术设计""工业设计""视觉传达设计"。这从一定意义上反映出这些应用领域中最主要的应用子领域。在四大类支持技术中，"计算"技术中的"程序设计技术""语言""算法"排在前三位；"数据"技术中的"数据处理技术""数据库技术""数据安全技术"排在前三位；"网络"技术中的"计算机网络技术""网络安全技术""网页设计技术"排在前三位；"设计"技术中的"多媒体技术"排在第一、"CAD"排在第二。这也从一定意义上反映了四大类支持技术中的核心技术内容。详细数据见表2-20。

在对"表2-19和表2-20中所列选项内容是否已基本涵盖了非IT类工作岗位的工作对计算机应用能力的基本要求"的问题调查中，答案选择"是"的占被调查人数的84.7%，答案选择"否"的为零，未回答的占15.3%。这也证明表2-19和表2-20中所列选项内容得到被调查人员的认同，已基本涵盖了非IT类工作岗位的工作队计算机应用能力的基本要求。

▶▶▶ 2.2.4　基本结论

本次调查涉及了九大行业的非IT类工作，被调查者所在单位以中小型的、民营的、成立10年以上的企业为主；被调查者学历层次均在大专以上，以大专和本科学历为主，所学专业基本上都是非IT类专业；被调查者在单位里主要在服务部门、管理部门和生产业务部门从事生产服务、经营管理和工程技术人员的工作，在一般职员岗位工作的居多，也有部分中层管理者和技术负责人。

① 计算机基本技能和基础知识是从事非IT类工作岗位需要具备的计算机基本操作能力，毕业生能熟练运用它们完成各自工作任务是十分必要的，如果中小学教育还不能全面、高质量完成这一教学任务，则大学计算机基础教育必须完成。

② 随着信息技术的发展，计算机应用领域越来越广泛，非计算机专业毕业生在专业领域工作中运用计算机主要集中在计算、数据、网络、设计技术四大类应用领域。

③ 调查结果中显示的各应用领域中应用子领域的排序，以及四大类技术中核心技术的排序，对大学计算机基础教育课程内容的选择具有重要意义。

④ 较为普遍的对计算思维的概念还缺乏理解，如调查表中提及的关于"信息与网

表2—20　非IT类工作面向的计算机应用领域和应用掌握的基本技术

应用领域

计算	计数	排序
A. 工程计算	91	3
B. 专业计算	106	2
C. 数学（字）计算	135	1
D. 模拟与仿真	35	5
E. 监测与预报	39	4
F. 其他	6	6

数据	计数	排序
A. 数据（信息）获取	157	1
B. 数据（信息）管理	136	2
C. 数据（信息）发布	90	3
D. 数据（信息）安全	84	4
E. 其他	5	5

网络	计数	排序
A. 局域网	135	2
B. 广域网	73	4
C. 互联网	146	1
D. 无线网	118	3
E. 网络操作系统	50	7
F. 网络管理	52	6
G. 网络安全	71	5
H. 其他	2	8

设计	计数	排序
A. 艺术设计	108	1
B. 工业设计	80	2
C. 产品造型设计	54	4
D. 视觉传达设计	62	3
E. 环境设计	46	5
F. 景观设计	35	7
G. 服装设计	34	8
H. 室内装饰设计	30	10
I. 广告设计	39	6
J. 包装设计	25	11
K. 产品与装备设计	34	8
L. 机械设计	25	11
M. 其他	5	13

技术支持

计算技术	计数	排序
a. 程序设计技术	96	1
b. 语言	96	1
c. 算法	73	3
d. 软件工程技术	40	6
e. 过程	37	7
f. 规范	50	4
g. 计算专用软件包	41	5
h. 其他	4	8

数据技术	计数	排序
a. 数据处理技术	126	1
b. 数据库技术	101	2
c. 数据（信息）安全技术	82	3
d. 大数据技术	48	4
e. 其他	3	5

网络技术	计数	排序
a. 计算机网络技术	143	1
b. 网络安全技术	112	2
c. 网页设计技术	16	3
d. 其他	2	4

设计技术	计数	排序
a. 多媒体技术	141	1
b. CAD	95	2
c. 其他	65	3

络、模拟与仿真、数字建模"等是指计算机技术应用，还是思维形式？什么是计算思维？说明的培养和应用还任重道远。

2.3　大学新生计算机基本技能与基础知识掌握现状的调研

"2013年第三届全国高等院校计算机应用能力与信息素养大赛"（简称"大赛"）由全国高等院校计算机基础教育研究会等八家单位共同主办，中国铁道出版社承办。本项调查通过大赛的成绩，直接测评学生掌握计算机基础知识和基础操作的能力，并以此推断大学新生对计算机基础知识和基本操作的掌握情况。

▶▶▶ 2.3.1　样本数据说明

大赛包括院校赛和全国总决赛。全国27个省、自治区、直辖市230所高校、14 280名学生参加了大赛的院校赛。院校赛中选拔出的442名学生参加了该项赛事的全国总决赛。

全国总决赛包含两个阶段：第一阶段的竞赛内容是基于国际信息素养标准IC^3（Internet and Computing Core Certification）的计算机基础知识与基本操作竞赛，第二阶段的竞赛内容是基于案例的应用能力竞赛。本实证研究以全国总决赛两个阶段的竞赛成绩为分析样本。

参加全国总决赛第一阶段竞赛的学生样本的覆盖面较广，全国27个省、自治区、直辖市151所院校进入全国总决赛：本科（包括一类本科、二类本科及三类本科）院校的学生占比为29.2%，高职院校的学生占比70.8%。学生人数及类型分布统计见表2-21。

表2-21　全国总决赛参赛学生样本覆盖范围统计

统计项		一类本科	二类本科	三类本科	专科	合计
省、自治区、直辖市数量		8	13	4	26	27（去除重复）
院校数量		11	23	4	113	151
学生数	人数	34	82	13	313	442
	占比	7.7%	18.6%	2.9%	70.8%	

▶▶▶ 2.3.2　对学生的计算机基本知识与基本操作能力的评价

全国总决赛第一阶段竞赛内容是基于国际信息素养标准IC^3的计算机基础知识与基本操作竞赛。主要考量学生对信息技术基本概念的掌握情况及对计算机常用软件工具的应用能力，包括计算机的基础知识、基本概念、办公软件基本操作技能等。竞赛方式是上机在线竞赛。

IC³标准是一个国际信息素养标准。该标准将信息社会的社会人所应具备的基本信息素养和基本操作技能构造为一个能力图表。借鉴IC³标准，衡量我国大学生信息素养和计算机基本操作能力的状况，有利于客观地评价我国大学生计算机基本操作的能力。

由全国总决赛第一阶段的成绩统计（见表2-22）可以看到，不论是平均成绩，还是最高分、最低分，一类本科、二类本科、三类本科、专科学生的成绩基本上是逐渐降低的。虽然中学信息技术课程未列入高考课程，但高考成绩（对应于学生所在院校的类别）从某种程度上反映了学生的学习能力、学习习惯，因此，进入重点院校的学生，即使中学信息技术课程未很好掌握，也具备较强的学习能力，能较好地掌握相关内容。

表2-22　全国总决赛第一阶段的成绩统计

统计项	本　　科				专　　科
	一类本科	二类本科	三类本科	本科（总）	
平均成绩	79.1	77.0	75.6	77.4	73.1
最高分	97.7	95.4	89.3	97.7	95.4
最低分	54.2	47.2	49.6	47.2	20.6
标准差	11.15	11.11	10.31	11.1	12.1

从成绩统计还可以看到，各类院校学生的平均成绩差异不是很大。尽管这些学生是经过院校赛选拔出的优秀学生，但学生成绩最高分与最低分的差值比较大，本科学生最大差值近50分，专科学生成绩的差值超过75分。表明学生整体上对计算机基础知识与基本操作的掌握程度极不均衡。

参加本次大赛的选手既有大学新生，也有大学二、三年级的学生，不同入学年份的选手成绩略有差异。一般来说，大学二、三年级选手的成绩略好于2012级（新生）的选手，见表2-23。

表2-23　全国总决赛第一阶段本科不同入学时间的参赛选手成绩统计

类别/入学年份	参　赛　人　数	平　均　成　绩
一类本科	34	79.1
2009年	6	84.7
2010年	8	84.2
2011年	11	79.1
2012年	9	70.9
二类本科	82	77.0

续表

类别/入学年份	参 赛 人 数	平 均 成 绩
2010年	13	73.4
2011年	33	79.8
2012年	36	75.7
三类本科	13	75.6
2010年	1	71.2
2011年	3	78.9
2012年	9	75.0

从"大学计算机基础"课程教学的角度说，这些大学一年级的学生不是严格意义上的大学新生。他们在参加全国总决赛时，已经完成了"大学计算机基础"课程的学习。因此，可以推断，没有经过这门课程学习的大学新生的成绩一定不会好于本次调查学生的成绩。

竞赛成绩与地域经济发展有一定的关系，但关系不密切。表2-24是按省、自治区、直辖市统计的本科参赛选手平均成绩。

表2-24 全国总决赛第一阶段本科院校分省成绩统计

序号	省 市	参 赛 人 数	平 均 成 绩
1	上海市	10	84.9
2	黑龙江省	8	82.4
3	安徽省	3	81.9
4	江苏省	9	80.7
5	四川省	5	80.2
6	山东省	11	80.0
7	广东省	1	78.4
8	辽宁省	17	77.2
9	北京市	18	76.5
10	江西省	7	75.9
11	内蒙古自治区	2	75.5
12	河北省	15	74.9
13	陕西省	8	74.6
14	湖北省	9	71.8
15	重庆市	5	68.5
16	甘肃省	1	64.8

▶▶▶ 2.3.3 计算机的操作能力不等于计算机的应用能力

全国总决赛第二阶段竞赛内容是利用信息技术（办公软件、互联网应用等）完成一项工作。这项工作不涉及任何专业知识。总决赛第一阶段成绩在90以上的选手有资格参加第二阶段的竞赛。

竞赛案例的设计原则：给定问题描述，要求参赛选手能够充分、综合地利用信息技术，收集资料、整理资料、设计解决方案，完成给定的工作任务。

竞赛案例的基本要求是完成一个解决方案。题目指定了背景、任务要求、参考素材等，并要求竞赛者按照指定的角色身份撰写解决方案。

竞赛案例的评价指标设计参照了科学工作的基本过程。评价的观测点如下：

① 分析问题的需求和约束；

② 充分有效地搜集和筛选素材；

③ 按照要求形成报告；

④ 尽可能多地使用信息技术。

第二阶段竞赛成绩统计见表2-25。

表2-25　全国总决赛第二阶段成绩统计（暨与第一阶段成绩对比）

统计项	本　　科		专　　科	
	第一阶段	第二阶段	第一阶段	第二阶段
平均成绩	93.8	67.8	92.0	56.6
最高分	97.7	80.0	95.4	76.0
最低分	91.6	47.0	90.1	44.0

根据选手现场表现和竞赛成绩，可以看到，即使能熟练使用计算机，第一阶段成绩在90分以上的优秀选手，面对一个需要一定思考、分析的简单任务，也会表现出力不从心、不知如何开始工作。最高分只有80分，最低分数竟不足50分。对于这种需要一定思考、设计、判断的工作，整体来看，专科学生与本科学生相比，差距比较大。这表明他们不具备使用信息技术工具进行工作的能力。

▶▶▶ 2.3.4 基本结论

由上述分析可以得出结论：

① 大学生的计算机操作能力存在非常大的差异，整体"不均衡"；各校按照各自的要求进行教学，整体"不规范"。

② 以这次大赛成绩为样本的统计分析，不支持"全国范围内进入高校的学生已经基本

掌握计算机基础知识与基本操作"的观点。在进行教学改革时，不能采取统一方案、统一要求的方式，即使对于同类型学校，亦需根据具体情况进行分析，采用不同的解决方案。

③ 即使已经较好掌握了计算机基础知识与基本操作的选手，不一定能够很好地应用计算机技术完成一般工作。

2.4　文献资料调研分析

通过网络、座谈交流等多种方式的调查，了解到目前全国范围内，只有少数重点高校完全取消了大学计算机基础课程。绝大多数高校（包含一些211、985院校）仍以不同形式开设包含计算机基础知识、基本操作为主要内容的课程，例如，0学分课程、讲座、实践课等。也有部分高校采用授课内容与实验内容分离的方式，讲授的内容因学校的不同有较大的不同，实验课内容仍是计算机的基本操作。原因是大学新生对于计算机基础知识与基本操作的掌握情况有很大差异。

1. 中学信息技术课程教学情况

昆明理工大学结合教学质量与教学改革工程项目，于2012年对3 607名（占新生数的73.4%）新生进行问卷调查，并将分析结果发表在《计算机教育》上。

据调查问卷统计，中学"信息技术"课程按照教材内容教学，上机时间超过70学时的占14%；选择教材部分内容教学，上机时间为40～70学时的占35%；随意讲解一些软件操作，上机时间不足40学时占35%；几乎没有学过"信息技术"课程，上机随意玩游戏的占16%。

昆明理工大学的新生来自全国各地，其调查结果具有一定的普遍性[1]。

2. 大学新生掌握计算机基本操作的情况

昆明理工大学调查了学生对常用计算机操作技能的掌握情况，主要是计算机基本操作与汉字录入。调查统计表明，学生掌握计算机基本操作，能够熟练使用鼠标和键盘网上聊天，汉字录入每分钟达到25个字的约占43%；基本上没有使用过计算机的约占2%。

湖南大学针对2011级入校新生的部分调查统计数据见表2-26。

表2-26　计算机知识掌握程度调查（%）

熟 练 程 度	Windows	Office
不会操作	7	23
不熟练	21	66
比较熟练	52	9
非常熟练	20	2

1 普运伟等. 大学计算机基础教学现状分析及课程改革思路[J]. 计算机教育，2013（11）：13-18.

根据表2-26的统计数据，可以看到，学生能够非常熟练使用Windows的占被调查人数的20%，而不会操作的占7%。

以上两个学校的调查统计数据表明：学生基本没有使用过计算机的学生占的比例不太大，能够熟练使用计算机的学生占的比例比较大，为20%～43%。

3. 大学新生掌握办公软件操作技能的情况

昆明理工大学的调查表明，学生中掌握Word软件，能够熟练完成文字编辑与排版，编排过小报、海报等内容较为复杂文档的学生约占5%；能够完成基本编辑与排版，编排过作文、通知等内容较为简单文档的学生约占31%；使用过Word软件，能够进行简单编辑排版的学生约占52%；基本不会使用Word软件的约占12%。

相对于Word软件的使用，对Excel和PowerPoint软件的掌握和使用要更差一些。能够熟练完成数字录入与排版，能够使用常用的函数完成计算和数据汇总的学生约占4%，而基本不会使用Excel软件的学生约占30%。能够熟练使用PowerPoint软件完成幻灯片的设计和动画播放设置，独立完成多个PPT制作的学生约占8%，而基本不会使用PowerPoint软件的学生约占31%。由此可以看到，虽然能够熟练使用计算机的学生比较多，但是能够熟练使用办公软件的学生要少得多。实际上，很多学生使用计算机多是玩游戏、上网，就是说能够掌握用计算机完成一些简单工作的学生并不多。

湖南大学的调查数据（见表2-26）也说明同样的问题，即掌握办公软件操作的学生人数远少于熟练使用计算机的人数。

从两所学校的调查可以看到，学生进入大学前，使用计算机主要是上网等，较少用计算机处理文档、数据，制作PPT。

根据调查，我们认为，由于中学教育的侧重点、经济发达程度、地域等多种因素的影响，使得大学新生掌握计算机基本操作的能力差异非常大。而且，在实证实验（真实题目测试）中，学生的整体表现并未达到预计程度。因此，在目前阶段，大学计算机课程很难确定一个统一的起点。

根据上述调研，我们有如下认识：

教育部提出的大学计算机课程改革的意见非常必要、及时。

应该建立基本信息素养、计算机基本操作的衡量标准。

尽管中学已经普遍开设了信息技术课程，但由于该课程是非高考课程，属于被边缘化的课程。加之地区差异、学生兴趣、学生个体家庭经济状况等多种因素，进入高校的大学新生掌握计算机基本操作的能力远未达到可以取消"大学计算机基础"课程的程度。因此，不支持"全国范围内进入高校的学生已经基本掌握计算机基础知识与基本操作"的观点。

掌握计算机的基本操作不一定能够很好地使用计算机技术完成工作。如何培养学生应用信息技术完成工作的能力是大学计算机课程改革中需要研究解决的一个重要问题。

第3章　能力模型

"面向应用、需求导向、能力主导、分类指导"是大学计算机基础教育的基本规律，培养计算机应用能力是大学计算机基础教育的长效性目标，也是核心任务。但什么是计算机应用能力？在计算机应用能力中计算机理论知识如何定位？这是大学计算机基础教育中长期存在的问题，为此有必要首先将什么是能力，能力与知识的关系，如何将能力目标转化为教学目标，实现能力培养等一系列基本问题从理论和实践层面搞清楚。

3.1　能力

能力是一个使用范围非常宽泛的概念。对于"什么是能力？"看法不一。对能力的定义，学科不同，强调的重点也不同。

▶▶▶ 3.1.1　能力的基本概念与定义

能力，作为一个汉语词语的解释是指完成一项目标或者任务所体现出来的素质；作为一个心理学名词的解释是指顺利有效地完成某种活动所必须具备的心理条件。（百度百科）

我国的汉语词典（中国百科网，汉语词典）将能力定义为："掌握和运用知识技能所需的个性心理特征。一般分为一般能力与特殊能力两类，前者指大多数活动共同需要的能力；后者指完成某项活动所需的能力"。

朗文当代英语词典对能力的解释是："能完成某事的状况以及某人做某事的技术水平（the state of being able to do something, someone's level of skill at doing something）"。

牛津高阶英汉双解词典中对能力的解释为："做体力、脑力或机械工作的能力或力量（capacity or power to do sth physical or mental）"。

百度上对能力基本定义的内涵还指出，能力总是和人完成一定的活动紧密相连的。离开了具体活动既不能表现人的能力，也不能发展人的能力。按能力的倾向性可将能力划分为一般能力和特殊能力。一般能力又称普通能力，是指在进行各种活动中必须具备的基本能力。它保证人们有效地认识世界，又称智力。智力包括个体在认识活动中所必须具备的各种能力，如感知能力（观察力）、记忆力、想象力、抽象思维能力、注意力等，其中抽象思维能力是核心，因为抽象思维能力支配着智力的诸多因素，并制约着能力发展的水平。特殊能力又称专门能力，是指顺利完成某种专门活动所必备的能力，如音乐能力、绘画能力、数学能力、运动能力等。各种特殊能力都有自己的独特结构。如音乐能力就是由四种基本要素构成：音乐的感知能力、音乐的记忆和想象能力、音乐的情感能力、音乐的动作能力。这些要素的不同结合，就构成不同音乐家的独特的音乐能力。

一般能力和特殊能力相互关联。一方面，一般能力在某种特殊活动领域得到特别发展时，就可能成为特殊能力的重要组成部分。例如，人的一般听觉能力既存在于音乐能力之中，也存在于言语能力中。没有听觉的一般能力的发展，就不可能发展言语和音乐的听觉能力；另一方面，在特殊能力发展的同时，也发展了一般能力。观察力属一般能力，但在画家的身上，由于绘画能力的特殊发展，对事物一般的观察力也相应增强起来。人在完成某种活动时，常需要一般能力和特殊能力的共同参与。总之，一般能力的发展为特殊能力的发展提供了更好的内部条件，特殊能力的发展也会积极地促进一般能力的发展。

要成功地完成一项活动，仅靠某一方面的能力是不够的，必须具有多种综合能力才能获得成功。例如，为了完成学习任务，不能仅仅依靠记忆力，或仅仅依靠对课程内容的分析、理解，而必须同时具有观察力、记忆力、概括力、分析力、理解力等，才能出色地完成学习任务。

▶▶▶ 3.1.2　不同学科视角的能力定义

1. 能力的心理学概念内涵

心理学视角下的能力是顺利完成某种活动所必需的并直接影响活动效率的个性心理特征。这里第一指已表现出来的实际能力与已达到的某种熟练程度，可以用成就测验来测量；第二指潜在能力，即尚未表现出来的心理能量，通过学习和训练后可能发展起来的能力与可能达到的某种熟练程度，可以用性向测验来测量。

美国著名的组织行为研究者大卫·麦克利兰（David McClelland）博士提出"能力（Competency）"概念（又称"能力素质"概念）是：直接影响工作业绩的个人条件和行为特征，称为Competency。后来，随着进一步研究，麦克利兰将能力（Competency）明确界定为：能明确区分在特定工作岗位和组织环境中杰出绩效水平和一般绩效水平的个人特征。（百度百科）

2. 能力的社会学概念内涵

在社会学视角下，能力是人的综合素质在现实行动中表现出来的、正确驾驭某种活动的实际本领、能量和熟练水平，是实现人的价值的一种有效方式，也是左右社会发展和人生命运的一种积极力量。社会经济的高速发展必然需要具有各种能力的人才，从而使国家、社会、个人都得到更长足的发展。

3. 能力在能力本位理论中的概念内涵

能力本位理论源于世界职业教育领域的改革，是基于一种以能力为本位（基础）的教育CBE（Competence Based Education）。20世纪60年代以后，随着系统论、行为科学、教育目标分类学和教育心理学等学科的发展，CBE 得以复兴并逐渐形成一种比较系统、完整的教育思想体系和教学方法体系，流行于北美地区，之后成为世界职教课程改革的方向和趋势。能力本位视角中的能力所用的英文是"competence"，它在含义上与通常所说的"能力"有所不同，是从职业所需角度来论述的，并非纯粹心理学上的能力概念，也不直接等同于社会学的能力内涵，更不是仅指操作动手能力，而是以从事某一具体职业所必须具备的能力为出发点，在动态的社会情境、职业情境和生活情境中，采用专业化的、全方位的并勇于承担个人与社会责任的行动，将能力理解为职业能力，一种能胜任职业的能力。

从不同学科视角了解能力的内涵，可以拓宽我们的研究视野，加深对能力的认识，更准确地把握高等教育的培养目标与人才培养质量，把握不同能力培养的方式与途径。

▶▶▶3.1.3 能力的哲学思考

哲学着眼于人的本质特性，马克思给人所下的定义是"人是社会关系的总和"，它区别动物的特征是"能思维""能制造生产工具"，这二者将人的活动与动物区别开来、升华开来。"全部人的活动迄今都是劳动"。（《马克思恩格斯全集》第42卷，第167页）恩格斯也说："动物所能做到的最多是收集，而人则从事生产"。（《马克思恩格斯选集》第4卷，第372页）那么，如何理解人的劳动与动物行为活动的根本区别呢？第一，人类劳动具有能动性，即人的劳动是人以自身的能动活动来引起、调整和控制人和自然之间的物质变换过程，而动物的行为活动仅仅是适应自然。第二，人类劳动具有目的性，即人的劳动是有目的的、自觉的活动，而动物的行为活动不过是一种本能。第三，人的劳动具有创造性，即在量上具有增值和在质上具有前进飞跃的特点。动物的行为则在量上不超出自身的需要，在质上只是一种简单重复的活动。第四，人类劳动具有社会性，也就是说人类劳动是社会地进行的，而动物的活动一开始就是"各自为战"，并不存在相互交换其活动的情况[陶富源，人的本质特征[J].哲学研究,2005（2）]。

所以，在这一劳动的过程中，人以其能思维与会行动（从事生产）展示出人最基本的两大个性心理特征，并且，两者相辅相成，缺一不可。

3.2 能力模型简介

▶▶▶ 3.2.1 能力模型的概念与应用

能力模型是由美国著名的组织行为研究者大卫·麦克利兰（David McClelland）博士提出"能力（Competency）"概念之后逐步发展起来的。1973年，麦克利兰在《美国心理学家》杂志上发表了一篇文章"Testing for Competency Rather Than Intelligence"。在文章中他引用了大量的研究结果，说明滥用智力测验来判断个人能力的不合理性，并通过事例说明人们主观上认为能够决定工作业绩的一些人格、智力、价值观等方面的因素，在现实中并没有表现出预期的效果。他强调直接从第一手资料入手，发掘能真正影响绩效的个人条件和行为特征，以提高组织绩效及个人成功。他把这种直接影响工作业绩的个人条件和行为特征，称为Competency。能力模型（Competency Model）定义为担任某一特定的任务角色，所需要具备的能力素质的总和。

能力模型方法是从组织战略发展的需要出发，以强化竞争力，提高工作业绩为目标的一种独特的人力资源管理的思维方式、工作方法和操作流程。能力模型在人力资源管理领域得到广泛应用。国外对能力及能力模型的研究已有将近 20 年的历史，在许多著名的跨国公司里都有所实践，如微软公司、3M公司等是运用能力模型的典型公司，能力模型成功地支持了这些公司掌握与运用新技术，不断创新的核心竞争力的实现。国内企业也在积极探索，寻求提升核心竞争力的整体管理解决方案。

能力模型近年来也被应用于教育领域，将人才培养的能力内容及其结构采用能力模型的方法进行系统化描述，然后依次对培养对象进行能力诊断和测评。如KOMET二维能力模型（劳耐尔，赵志群，吉利. 职业能力与职业能力测评[M]. 北京：清华大学出版社，2010.）。可见能力模型是依据能力的基本理论，在不同领域、依据不同的活动目标而提出的。

结合高等教育的人才培养，考虑现代社会对人才能力需求的复杂性与多样性，需要建立一个基本的能力模型，将能力需求与人才培养模式联系起来，并指导教学改革与实践。以高林教授为首的项目团队近十年来在学习借鉴国际先进经验和从事本科教育、高等职业教育的研究与实践基础上，不断改进完善提出一个高等教育人才培养的能力模型，具体结构如图3-1和图3-2所示。

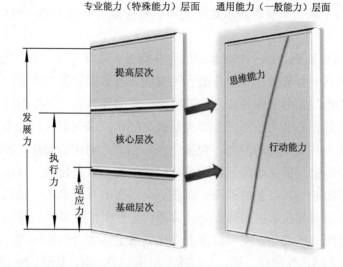

图3-1　人才培养能力模型（Ⅰ）

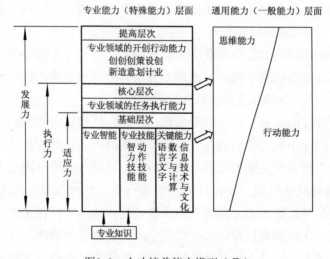

图3-2　人才培养能力模型（Ⅱ）

这一人才培养的能力模型依据对能力概念和内涵的认识而构建，蕴含着对应用型人才培养目标的能力结构关系和能力成长过程的信息。这一模型适用于专业硕士研究生教育、应用型本科教育和高等职业教育，可作为基于能力的高等教育创新人才培养模式和指导教学实践的基础。能力模型表达了应用型人才所需具备的能力总和，但在应用此能力模型时，应依据各自教育的特点适当调整。

应用型人才培养能力模型分为两个层面：第一个层面表示专业能力，对应能力概念中的特殊能力；第二个层面表示通用能力，对应能力概念中的一般能力，如图3-1所示。

从图3-2中可以看到，第一个层面中的专业能力大体可分为三个层次。第一个层次属基础层次：包括专业智能、专业技能、关键能力等方面；第二个层次是核心层次，面向蕴含非结构性问题的工作任务，培养解决专业问题并完成任务的能力，这也是应用型人才所必备的核心能力；第三个层次是提高层次，以开创行动能力为主要内容，主要解决具有创新和发展性的问题，包括创新、创造、创业、创意、策划、设计等。在专业能力中身心素质贯穿始终，伴随基础层次的身心素质包括：价值观念、责任意识、身心健康等职业工作必备的素质；而在更高层次的身心素质中包括了团队合作、包容精神、个人信用等在承担团队配合、管理指导性工作时需要的素质。在专业能力结构中，第一层次的基础专业能力总体上看比较适于解决结构性问题，而第二层次的核心能力更针对非结构性问题，第三个层次是对未知的探索，属于创新范畴。

专业能力的三个层次与工作要求的能力是紧密联系的，第一个层次主要反映工作的适应力；第一个层次与第二个层次相结合可体现工作的执行力；三个层次的总和显示个人的发展力。三个层次划分并不意味着培养过程中的三个阶段，教学过程中应有所交叉，以符合应用型人才成长规律。

第二个层面的通用能力是由专业能力提升而来，随着专业能力的不断积累从中提炼总结形成具有普适性的科学规律，表现于方法、行动和思维层面。同时，通用能力可融入专业能力和专业知识培养的过程中同时进行。

通用能力可分成两部分：第一部分是行动能力，反映解决非结构性问题的普适性能力，这是第一层面中核心能力的提升，国外学者提出的设计建构能力、基于批判性思维的行动能力等都属此类能力范畴。具备科学行动能力可使应用型人才对较复杂工作任务进行正确的判断决策、制订计划、实施行动、评价反思，大大提升工作执行力；第二部分是科学思维能力，反映人们从事各类活动，处理各类事物中的科学思考能力，包括人类在认识世界过程中迄今已经形成的各种科学思维方式，如实证思维、逻辑思维、系统思维，以及近来在计算机领域展开热烈讨论的计算思维等能力，还包括形象思维、直觉等能力。科学思维能力是对科学行动、研究创新的有力支持，也是个人发展成功的基础。

能力模型也显示出第二层面的通用能力，可在第一层面的任何层次培养，只是课程内容和教学形式有差异而已。

能力模型从宏观上反映了应用型人才应具备的能力总和与结构，但对不同领域、不同层次的应用型人才，应针对具体情况在培养过程中有所侧重，充分体现人才类型特征。

▶▶▶ 3.2.2 思维能力与行动能力

思维能力与行动能力是人从事各种活动、完成各项任务最基本的两大能力。

"思维是指客观事物在人脑中的间接的、概括的反映。""人脑及其思维是自然界的产物，也是在劳动中产生的，是社会的产物。劳动创造了人，也创造了人所特有的思维能力。人们思维是一种社会现象，不能离开社会历史的发展去认识思维。思维是高级的理性认识，和低级的感性认识不同，具有概念、判断、推理等反映形式，以及进行比较、概括抽象、分析综合、归纳演绎等基本方法。它的任务是对感性认识所提供的丰富而又合于实际的材料进行加工，经过去粗取精、去伪存真、由此及彼、由表及里的改造制作，形成概念，科学的抽象，把握事物的内部联系。然后运用它的基本方法，使概念形成判断和推理，获得对事物的本质及其规律性的认识。社会实践是思维的基础和源泉，也是检验思维真理性的客观标准。"（彭克宏，马国泉.社会科学大词典[M].北京：中国国际广播出版社，1989：85）.思维的种类多样，有逻辑思维、实证思维、系统思维等，随着信息技术的发展，又出现了计算思维、互联网思维、数据思维等等。思维能力就是人们运用知识，运用思维类型、形式和方法进行思维活动，获取某种思维成果的本领。它包括质疑能力、分析与综合能力以及想象能力等。"作为人类区别于动物的重要标志，人们的思维具有一般的规律性，但每个人的思维又具有各自的特殊性。"（宋书文.管理心理学词典[M].兰州：甘肃人民出版社，1989.）思维能力只有在思维活动中，在知识的具体应用和发散中才能表现出来。人的思维能力是实践能力的内化。人在改造世界的活动中，通过训练和培养，形成了相应的思维能力。

行动能力的提出可以追溯到18世纪的思想启蒙运动和西方哲学，他们将人的综合能力划分为思维能力和行动能力两部分。几个世纪以来，行动能力不断发展，对行动过程的进一步研究、总结提出了科学行动的基本规律，成为人类21世纪能力的重要组成部分。科学行动规律可以概括为图3-3所示的流程。

定义 → 信息 → 决策 → 计划 → 组织 → 实施 → 评价 → 总结

图3-3 科学行动规律

其中"定义"指对需要采取行动的事情，如：问题、事件、项目、任务等的定义，即搞清要做什么事情？做这件事情的意义是什么？这就需要理解、判断、表述等方面的能力；在"定义"之后是"信息"，信息的获取，需要掌握专门的信息获取方法，进行调查研究、信息采集、分析和处理；"决策"指通过设计、规划、优选等方式进行决策，拿出行动方案的过程，在决策中智慧往往决定行动方案的优劣，因此广阔视野、创新精神、创意能力以及信任合作尤为重要；"计划"是依据决策方案制订行动计划的过程，行动计划往往决定行动的成败，工程意识是做好计划的保证；"组织"是依据行动计划对行动过程的组织、协调、分工以及团队之间的配合对组织能力提出要求；"实施"是行动的实践过程，执行力和行动中处理突发事件的能力往往是实施过程中的重要能力体现；"评价"是行动完成后对行动结果的评定，首先应是行动方的自我评定，测量、测试、评估等评价方法的掌握和运用是对评价能力的要求；"总结"对批判性思维和批判性反思能力提出要求。科学行动规律的认识是对行动能力的重要贡献，不同专业领域的行动案例具有不同专业领域特征，行动过程可能简单、可能复杂，持续时间可长可短，参与人员可多可少，但其背后的行动规律是一致的和具有普遍意义的。

综上所述，行动能力可以定义为：面向21世纪经济社会和个人生涯发展，以专业理论知识为基础，借助科学思维方法和专业技术的帮助，遵循科学行动规律来解决问题、处理事件、组织项目、完成任务的能力。

人既是思维的存在者又是行动的存在者，英国著名启蒙运动思想家Thomas Reid认为"恰当地行动要比正确的思维或聪明地推理更有价值。"这强调了思维与行动的关系。

▶▶▶3.2.3　解决问题的能力

解决问题是通过一系列有目的、有指向的认知操作序列来达到目标的过程。其特点是：具有明确的目的指向性；拥有认知成分、思路和策略；采取一系列操作程序和方法。它有两种类型：一类是常规性问题解决，即使用已有的方法和程序去解决问题；另一类是创造性问题解决，即运用新的方法和程序去解决问题。"（车文博. 当代西方心理学新词典[M]. 长春：吉林人民出版社，2001：380-381.）解决问题能力是指"人在能够成功地解决问题，最终达到目标的过程中所必须具有的一种个性心理特征。解决问题能力的水平与人的知识经验和各种心理过程有密切联系，包括发现问题的能力、对问题的分析能力、提出假设进行推理的能力以及验证结论的能力等成分。"（中国学前教育百科全书·心理发展卷）

随着经济社会的发展，科技的进步，自动化技术的快速普及以及在生产中大量推广信息技术和网络技术，大量简单的辅助劳动被自动化设备取代，企业中劳动组织形态趋向扁平化，对从事工作的人才能力提出了新的需求，专门的单一的技术技能已不能满足日益复杂的任务或项目，面向问题解决的工作常态化，解决问题的能力越来越迫切需要。显然，解决问题的能力是一项综合的能力，既需要具备专业能力，又需要有良好的思维能力和行动能力，三者的结合才能奏效。在这里专业能力决定解决问题的专业程度、难度和复杂性，而思维能力和行动能力决定解决问题的质量。

3.3 能力培养

➤➤➤3.3.1 解决问题能力的培养

围绕思维能力、行动能力和解决问题能力的培养，注重教学方法的恰当运用是提高能力培养效率的关键。

首先要搞清用什么教学方法培养思维能力。研究表明思维能力培养的教学方法大体有三种：第一种为问题启发式教学法，这是在传授知识的同时，将学科概念升华为思维要素，通过问题、实验、练习等方式启发学生联想和思考，逐步培养思维能力；第二种为案例教学法，通过设计具体案例，分析思维在案例中的应用，建立思维方式；第三种为项目教学法，通过项目或任务实践，体验思维的应用，建立思维方式。

其次分析行动能力以及问题解决能力的培养，其教学方法也是案例教学法和项目教学法，而且追溯这些教学方法产生的历史渊源，主要是从培养行动能力、问题解决等方面能力开始的，见表3-1。

表3-1 几种能力培养的教学方法

能力培养	使用教学方法		
	问题启发式教学法	案例教学法	项目教学法
思维能力	√	√	√
行动能力		√	√
问题解决能力		√	√

由表3-1可见，在思维能力培养中，可采用问题启发式教学法，也可采用案例教学法和项目教学法，后两种可同时培养多种能力，如仅止于思维能力，实际没有充分发挥教学法的功能。因此如何充分利用案例教学法和项目教学法功能，提高教学法使用效率，实现人才需求的能力培养目标，值得研究和思考。

➤➤➤3.3.2 基于能力培养的能力描述

能力模型是依据一定的活动目标而构建的，为了目标的实现，一般需要建立一种能力描述方式，以此作为能力和活动目标的中间元素，对于不同的活动目标能力描述也应有所不同。如在人力资源管理能力模型中，对于人才招聘可用专业学历、专业工作经历、工作态度或素质等作为中间元素描述所需能力。本书讨论的人才培养能力模型中的活动目标是设计课程，在传统的基于学科的课程设计中，往往以学科中与课程相关的知识点作为课程设计的中间元素。结合本书以能力为主的课程和教学原则，能力模型中第一层面的专业能力要求可以用技术技能点，以及支持它们的理论知识点作为中间元素；而作为从第一层面向第二层面的能力提升和通用能力培养，正如3.3.1节解决问题能力的培养分析，一般可以用蕴含待解决问题的案例或项目作为中间元素；为强调思维能力培养的重要作用，本书将思维要素作为一个独立的中间元素。因此本书提出的人才培养能力模型可用知识点、技能点、思维要素、案例和项目这五个中间元素进行描述，并可作为教学资源建设和课程设计的基础。

3.4　计算机应用能力体系框架

计算机应用能力培养是大学计算机基础教育的长效性目标，但能力的内涵是变化的，而且随着需求的变化而不断提升。总的来看，大学计算机基础教育发展初期是以掌握计算机基础知识和基本操作为目标的，也就是将计算机视为工具，培养工具的使用能力。虽然这种使用现代计算机工具的能力非常重要，但时代对大学生计算机应用能力要求不断提高，大学生不仅要具有熟练操作计算机的能力，还要掌握必要的计算机技术以及运用其解决与计算机相关的综合性业务问题的能力，这就将大学计算机应用能力提高了一个层次。

依照能力模型在高等教育人才培养中的应用，结合信息技术发展的新形势与新需求，针对我国新一轮大学计算机基础教育的改革，我们提出计算机应用能力体系框架（见图3-4），作为大学计算机课程体系设计及课程开发的指南。。

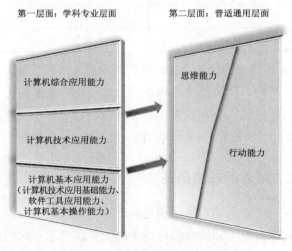

图3-4　计算机应用能力体系框架

由图3-4可见，大学计算机应用能力可分为两个层面：第一层面为学科专业层面的计算机应用能力，分为计算机基本应用能力、计算机技术应用能力和计算机综合应用能力三个层次；第二层面是普适通用的计算机应用能力，由思维能力和行动能力组成。第二层面的能力是在第一层面能力基础上总结提升形成的，两个层面的能力统一整合组成计算机应用能力结构体系。

1. 计算机基本应用能力

计算机基本应用能力包含三个级别的能力，分别是计算机基本操作能力、软件工具应用能力及计算机技术应用基础能力。

① 计算机基本操作能力是指具备使用计算机的基本能力，即能够操作计算机，使用网络，使用软件工具完成模仿性的工作。

② 软件工具应用能力是指具备使用软件工具解决工作中的问题的能力。不仅仅要能够熟练地选择、使用软件工具，更重要的是要具备分析、思考、学习、设计、实施的能力，完成具有设计性、创新性的工作任务。

计算机基本操作能力与软件工具应用能力关注点是操作、应用软件工具解决工作问题的能力。

③ 计算机技术应用基础能力是指运用计算机技术进行工作的初步能力。主要是掌握计算、数据、网络、多媒体技术的基本概念、基本方法、解决问题的基本思路、主要技术等。

2. 计算机技术应用能力

计算机技术应用能力是指应用某种计算机技术解决工作问题的能力。

3. 计算机综合应用能力

计算机综合应用能力是指根据各自专业的实际需求，综合应用计算机技术完成具有一定规模，需要经过规划、设计、实施完成的工作能力。

在能力体系中计算机理论知识是具备计算机应用能力的基础，不同层次的能力对计算机理论知识的内容、宽度和深度会有不同的要求。作为新一轮改革切入点的计算思维能力，本质上已使大学计算机基础教育的功能发生了重大变化，超越了大学计算机基础教育仅解决计算机领域问题的局限，开创了运用源于计算机的思维与行为方式解决各类专业或社会生活问题的新功能，这是新一轮大学计算机基础教育教学改革的新特征，也是计算思维的提出对大学计算机基础教育的新贡献。

如上述分析，计算机应用能力体系框架中的能力也将用知识点、技能点、思维要素、案例和项目这五个中间元素进行描述，但为强调计算思维在大学计算机课程中的重要性，在具体操作中应更重视计算思维要素的引入。

第4章 计 算 思 维

当前正在进行的新一轮大学计算机基础教育教学改革中，计算思维是其中一个最为热门的讨论主题之一。为了对计算思维、计算思维与大学计算机基础教育之间的关系，以及计算思维的培养等方面取得正确的认识，我们对计算思维进行了系统的了解和研讨，并提出了一些看法。

4.1 计算思维的定义与内涵

▶▶▶4.1.1 计算思维的提出

计算思维（Computational Thinking）这一名词早在2006年周以真（Jeannette M. Wing）教授发表"Computational Thinking"一文论述之前就已出现。利用英文关键词"computational thinking"在谷歌学术搜索引擎检索可查询到，早在1987年的《国际地理信息系统杂志》（"International Journal of Geographical Information Systems"）上就刊登了一篇地理方面的文章[1]，介绍一种融合了统计、GIS和计算思维（Computational Thinking）的新的空间分析技术（地理专业）。其后，计算思维这一名词相继出现在学者对于计算机文化[2,3]（1990年和1991年）和儿童认知发展[4]（1994年）的讨论中。同期（90年代），与计算思维类似的名词也出现在一些文章中，如计算智能（Computational Intelligence）[5,6]（1998年）和计算推理（Computational Reasoning）[7]（1990年）。但是，这些文献中都没有说明计算思维的明确定义。

我国学者同样在20世纪末开始了对计算思维的关注。当时主要是计算科学专业领

1 Openshaw, S., Charlton, M., Wymer, C., & Craft, A. (1987). A mark 1 geographical analysis machine for the automated analysis of pointdata sets. International Journal of Geographical Information System, 1(4), 335-358.

2 Turkle, S., & Papert, S. (1990). Epistemological pluralism: Styles and voices within the computer culture. Signs, 128-157.

3 Papert, S., & Harel, I. (1991). Situating constructionism. Constructionism, 36, 1-11.

4 Reyna, V. F., & Ellis, S. C. (1994). Fuzzy-trace theory and framing effects in children's risky decision making. Psychological Science, 5(5), 275-279.

5 Poole, D., Mackworth, A., & Goebel, R. (1998). Computational Intelligence (p. 142). Oxford: Oxford University Press.

6 "计算智能"属于人工智能领域的一个分支，是受到大自然智慧和人类智慧的启发而设计出的一类算法的统称。通俗来说，是计算机模拟大自然和人类的智慧，实现对问题的优化求解。

7 Turkle, S., & Papert, S. (1990). Epistemological pluralism: Styles and voices within the computer culture. Signs, 128-157.

域的专家学者对此进行了讨论，认为计算思维是思维过程或功能的计算模拟方法论[1,2]，对计算思维的研究能够帮助达到人工智能的较高目标。现为全国高等学校计算机教育研究会理事长、北京工业大学的蒋宗礼教授于2002—2003年在其专著中就提出计算思维的培养问题。此后至今，计算思维一直是计算机及其相关领域关注的热点问题。

可见，"计算思维"这个概念在20世纪90年代和21世纪初就出现在领域专家、教育学者等的讨论中了，但是当时并没有对这个概念进行充分的界定。直到2006年周以真教授发表在"Communications of the ACM"期刊上的"Computational Thinking"一文[3]，对计算思维进行了详细地阐述和分析，从而使这一概念获得国内外学者、教育机构、业界公司甚至政府层面的广泛关注，成为进入新世纪以来计算机及相关领域的讨论热点和重要研究课题之一。

学者、教育者和实践者们关于计算思维本质、定义和应用的大量讨论推动了计算思维在社会的普及和发展，但到目前为止，都没有一个统一的、获得广泛认可的关于计算思维的定义。所有的讨论和研究大致可分为两个方向：其一，将"计算思维"作为计算机及其相关领域中的一个专业概念，对其原理内涵等方面进行探究，称为理论研究；其二，将"计算思维"作为教育培训中的一个概念，研究其在大众教育中的意义、地位、培养方式等，称为应用研究。理论研究对应用研究起到指导和支撑的作用，应用研究是理论研究的成果转化，并丰富其体系，两者相辅相成，形成对计算思维的完整阐述。

▶▶▶ 4.1.2　计算思维的概念性定义

概念性定义源自于对计算思维的理论研究，意在系统地阐述该名词的本质、内涵、外延及要素。计算思维的概念性定义主要来源于计算科学这样的专业领域，从计算科学出发，与思维或哲学学科交叉形成思维科学的新内容。计算思维的概念性定义主要包含以下两个方面：

1. 计算思维的内涵

国内目前对计算思维的讨论大部分属于理论研究的范畴，对计算思维内涵存在两个方面的认识：一方面认同和支持[4]美国计算机科学家周以真教授对计算思维的定义，即"计算思维是运用计算机科学的基础概念进行问题求解、系统设计，以及人类行为理解等涵盖计算机科学之广度的一系列思维活动"[5]。另一方面，延续国内学者自

1　黄崇福.信息扩散原理与计算思维及其在地震工程中的应用[D].北京：北京师范大学,1992.
2　蔡国永.计算机科学与技术方法论[M].北京：人民邮电出版社,2002.
3　Wing, J. M. (2006). Computational thinking. Communications of the ACM, 49(3), 33-35.
4　人民网报道《李国杰：计算思维不仅仅属于计算机科学家》(2009) http://scitech.people.com.cn/GB/9745727.html
5　同3.

20世纪90年代对计算思维的关注历程，教育部教指委在2012年提出了关于计算思维的定义[1]，认为理论科学、实验科学和计算科学作为当今社会支持科学探索的三种重要途径，分别对应科学思维的三种思维形式，即理论思维(Theoretical Thinking)、实验思维(Experimental Thinking)和计算思维(Computational Thinking)，其中计算思维又称构造思维，是指从具体的算法设计规范入手，通过算法过程的构造与实施来解决给定问题的一种思维方法。它以设计和构造为特征，以计算机学科为代表。计算思维就是思维过程或功能的计算模拟方法，其研究的目的是提供适当的方法，使人们能借助现代和将来的计算机，逐步实现人工智能的较高目标。

2. 计算思维的要素

计算思维是一个综合概念，其中包含的各种思维要素界定了计算思维的外延，并形成了计算思维的表达体系。计算思维要素作为研究中的一个重点，不同的研究者有不同的提法。

周以真认为计算思维补充并结合了数学思维和工程思维（mathematical and engineering thinking），在其研究中提出体现计算思维的重点是抽象的过程，而计算抽象（Computational Abstraction）包括（并不限于）[2]：算法（Algorithms）、数据结构（Data Structures）、状态机（State Machines）、语言（Languages）、逻辑和语义（Logics and semantics）、启发式（Heuristics）、控制结构（Control Structures）、通信（Communications）、结构（Architectures）。教指委提出的计算思维表达体系包括计算、抽象、自动化、设计、通信、协作、记忆和评估八个核心概念。国际教育技术协会（International Society for Technology in Education，ISTE）和美国计算机科学教师协会（Computer Science Teachers Association，CSTA）研究[3]中提出的思维要素则包括数据收集、数据分析、数据展示、问题分解、抽象、算法与程序、自动化、仿真、并行。CSTA的报告中[4]提出了模拟（simulation）和建模（modeling）的概念。美国离散数学与理论计算研究中心（DIMACS）发起的"9-12年级课程中计算思维的价值"（The Value of Computational Thinking across Grade Levels 9-12，VCTAL）项目认为[5]计算思维中包含了计算效率提高、选择适当的方法来表示数据、做估值、使用抽象、分解、测量和建模等因素。

以上各方从不同的角度进行的分析归纳，有利于对计算思维要素的后续研究。提炼计算思维要素进一步展现了计算思维的内涵，其意义在于：

① 计算思维要素相较于内涵而言更易于理解，能够使人将其与自己的生活、学习经验产生有效连接；

1　陈国良，王国强. 计算思维导论[M]. 北京：高等教育出版社，2012.
2　周以真. Computational Thinking，2013-10-26，中国天津，Microsoft Asia Faculty Summit
3　ISTE官网，https://www.iste.org/learn/computational-thinking/ct-operational-definition
4　Phillips, P. (2007). Computational thinking: A problem-solving tool for every classroom. In Present in the International Conference on NECC. URL: http://csta.acm.org/Resources/sub/ResourceFiles/CompThinking.pdf
5　DIMACS 官网：http://dimacs.rutgers.edu/VCTAL/computational.html

② 计算思维要素的提出是计算思维的理论研究向应用研究转化的桥梁，使计算思维的显性教学培养成为可能。

▶▶▶ 4.1.3 计算思维的操作性定义

计算思维的操作性定义来源于应用研究，主要讨论计算思维在跨学科领域中的具体表现、如何应用以及如何培养等问题。与概念性定义的学科专业特点不同，操作性定义注重的是如何将理论研究的成果进行实践推广、跨学科迁移，以产生实际的作用，使之更容易被大众理解、接受和掌握。当前国内广大师生对计算思维研究最为关注的方面，不是计算思维的系统理论，而是如何将计算思维培养落地、在各个领域中如何产生作用。通过总结分析各家之言，计算思维的操作性定义主要包括以下几个方面：

1. 计算思维是问题解决的过程

"计算思维是问题解决的过程"这一认识是对计算思维被人所掌握之后，在行动或思维过程中表现出来的形式化的描述[1,2]，这一过程不仅能够体现在编程过程中，还能体现在更广泛的情境中。周以真认为[3]计算思维是制定一个问题及其解决方案，并使之能够通过计算机（人或机器）有效地执行的思考过程。国际教育技术协会（ISTE）和美国国家计算机科学技术教师协会（CSTA）通过分析700多名计算科学教育工作者、研究人员和计算机领域的实践者的调研结果，于2011年联合发布了计算思维的操作性定义[4]，认为计算思维作为问题解决的过程，该过程包括（不限于）以下步骤：

① 界定问题，该问题应能运用计算机及其他工具帮助解决；

② 要符合逻辑地组织和分析数据；

③ 通过抽象（例如，模型、仿真等方式）再现数据；

④ 通过算法思想（一系列有序的步骤）形成自动化解决方案；

⑤ 识别、分析和实施可能的解决方案，从而找到能有效结合过程和资源的最优方案；

⑥ 将该问题的求解过程进行推广并移植到广泛的问题中。

由此可见，作为问题解决的过程，计算思维先于任何计算技术早已被人们所掌握。在新的信息时代，计算思维能力的展示遵循最基本的问题解决过程，而这一过程需要能被人类的新工具（即计算机）所理解并能有效执行。因此，计算思维决定了人类能否更加有效地利用计算机拓展能力，是信息时代最重要的思维形式之一。

1　ISTE官网，https://www.iste.org/learn/computational-thinking/ct-operational-definition
2　Phillips, P. (2007). Computational thinking: A problem-solving tool for every classroom. In Present in the International Conference on NECC. URL: http://csta.acm.org/Resources/sub/ResourceFiles/CompThinking.pdf
3　周以真. Computational Thinking，2013-10-26，中国天津，Microsoft Asia Faculty Summit
4　ISTE官网，https://www.iste.org/learn/computational-thinking/ct-operational-definition

2. 计算思维要素的具体体现

计算思维作为问题解决的过程不仅需要利用数据和大量计算科学的概念，还需要调度和整合各种有效思维要素。思维要素作为理论研究和应用研究的桥梁，提炼于理论研究，服务于应用研究，抽象的计算思维概念只有分解成具体的思维要素才能有效地指导应用研究与实践，具体体现在以下两个方面：

首先，思维要素是计算思维培养的着力点。目前，计算思维的研究尚未成体系，但是这并不妨碍计算思维的跨学科发展。因为，计算思维要素在任何内容中都可能被发掘，而且可以通过任何合适的内容载体所传递。这样一来，就需要围绕思维要素开发出适用于多种学科的教学案例、项目，在传递知识的同时培养计算思维。

ISTE&CSTA的研究[1]中提炼出了九个计算思维要素（数据收集、数据分析、数据展示、问题分解、抽象、算法与程序、自动化、仿真、并行），并设计了从幼儿园至12年级（高中）阶段跨学科的教学案例。比如对于"并行"（合理分配资源，从而使多个任务同时进行，以完成一个共同目标）这一概念，从幼儿园至12年级的课堂案例如表4-1所示。

表4-1 关于"并行"能力培养，从幼儿园至12年级的课堂案例

适用年级	"并行"的课堂案例
幼儿园至2年级	案例1：将班级分为两组，其中一组大声朗读，另一组哼唱作为背景音乐。让学生体会两组同时进行比单独进行其中一组的表现效果要好
3至5年级	案例2：在教师的帮助下，设计某个小组活动的时间表、成员职责和任务，并同时进行各自的任务从而在更短的时间内完成小组活动（设计过程中思考：应该如何分解任务？这些任务完成的先后顺序是怎样的？等等）
6至8年级	案例3：学生分组制作视频，小组自己设计脚本、道具、剧中角色等。明确需要同步进行的任务，以及对任务进行阶段性总结的时间节点
9至12年级	案例4：按顺序描述每支军队去滑铁卢战场之前都需要干什么，既包括体力活动（如招募部队）也包括脑力活动（如安排行军中各兵种位置）

案例1针对低年级学生的特点，不需要太多知识、能力就能体会到"有时候同时进行两件事情比只做一件事情能起到更好的效果"，使低年级学生建立"并行"的意识，调动他们在实践中尝试的积极性。案例2中的小组活动可以是任何课堂、任何学科中进行的小组活动，因此案例2可以作为任何小组活动的准备环节，其目的是让学生在教师的指导下，通过任务分解，充分利用并合理分配时间和人员，达到在同一时间不同的人做不同的事，而这些事都是服务于同一个目的（即完成小组活动），在实践中使学生体会"并行"能使小组行动更高效。案例3是案例2的升级版，活动更复杂，而且学生

---

1 ISTE官网，https://www.iste.org/learn/computational-thinking/ct-operational-definition

的独立完成度更高。案例4结合了部分学科背景（历史），这样的案例用在学科课堂可以使课堂更活泼生动，用在非课堂环境中，更凸显出寓教于乐的特点。案例4相较于案例3，更需要学生的想象力和创造性，凡是合理的安排和假设都应该被鼓励。

可见，对于同样的计算思维概念，在应用研究中可以发展出适用于不同能力层次和不同学科、具有不同特点和不同内容的教学案例，从而使计算思维真正落地，使计算思维能力的培养成为可能。

3. 计算思维体现出的素质

素质是指人与生俱来的以及通过后天培养、塑造、锻炼而获得的身体上和人格上的性质特点，是对人的品质、态度、习惯等方面的综合概括。具备计算思维的人在面对问题的时候，除了使用计算思维能力加以解决之外，在解决的过程中还表现出一定的素质，ISTE&CSTA的研究[1]将它们概括如下：

① 处理复杂情况的自信；
② 处理难题的毅力；
③ 对模糊/不确定的容忍；
④ 处理开放性问题的能力；
⑤ 与其他人一起努力达成共同目标的能力。

具备计算思维能力，能够改变或者使学习者养成某些特定的素质，从而从另一层面影响学习者在实际生活中的表现。这些素质实际上描绘了一个高度发达的信息社会中合格公民的形象，使普通人对计算思维有了更加深入和形象的理解。

以上三个方面共同构成了计算思维的操作性定义。操作性定义明确了计算思维这个抽象概念在实际活动中现实而具体的体现（包括能力和品质），使这一概念可观测、可评价，从而直接为教育培养过程提供有效的参考。

➤➤➤4.1.4 计算思维的完整定义

计算思维的理论研究与应用研究密切相关、相辅相成，共同构成了对计算思维的完整研究。理论研究的成果转化为应用研究中的理论背景给予实践支撑，应用研究的成果转化为理论研究中的研究对象和材料。计算思维的概念性定义植根于计算科学学科领域，同时与思维科学、哲学交叉，从计算科学出发形成对计算思维的理解和认识，适用于指导对计算思维本身进行的理论研究。计算思维的操作性定义适用于对计算思维能力的培养以及计算思维的应用研究，计算思维的应用和培养是以实际问题为前提的，在实际理解和解决问题的过程中体会、发展和养成计算思维能力。因此计算思维的概念性定

---

1 ISTE官网，https://www.iste.org/learn/computational-thinking/ct-operational-definition

义和操作性定义彼此支撑和互补，共同构成计算思维的完整定义。计算思维的完整定义指导了计算思维在计算科学学科领域及跨学科领域中的研究、发展和实践。

1. 狭义计算思维和广义计算思维

随着信息技术的发展，人类从农业社会、工业社会步入了信息社会，这不仅意味着经济、文化的发展，同时人类思维形式也发生了巨大的变化。除"计算思维"概念外，人们还提出了"网络思维""互联网思维""移动互联网思维""数据思维""大数据思维"等新的思维形式概念。如果将概念性定义和操作性定义组成的计算思维称为狭义计算思维，则由信息技术带来的更广泛的新的思维形式可被称为广义计算思维或信息思维。大学计算机基础教育的培养功能，除了使学习者具备计算机基础知识和基本操作以外，还应该以这些知识能力的培养为载体，深入指导学生在广义和狭义的计算思维能力上的发展。

2. 计算思维的两种表现形式

计算思维作为抽象的思维能力，不能被直接观察到，计算思维能力融合在解决问题的过程中，其具体的表现形式有如下两种：

① 运用或模拟计算机科学与技术（信息科学与技术）的基本概念、设计原理，模仿计算机专家（科学家、工程师）处理问题的思维方式，将实际问题转化（抽象）为计算机能够处理的形式（模型）进行问题求解的思维活动。

② 运用或模拟计算机科学与技术（信息科学与技术）的基本概念、设计原理，模仿计算机（系统、网络）的运行模式或工作方式，进行问题求解、创新创意的思维活动。

当前，国内外对于计算思维的理论研究和应用研究都不够成熟。有学者提出[1]当前的Computational Thinking（计算思维）大多基于计算机科学，忽略了计算机工程、信息技术、软件工程和信息系统等领域，并提倡应该将计算思维的研究领域扩大，关注Computing Thinking（为与"计算机思维"区别，可译为"信息学思维"）。同时在商界也有很多对计算思维的讨论，比如激起大讨论的互联网思维、平台思维等，它们与计算思维是什么关系？商界更具活力和创新的探讨是否能成为计算思维研究的一部分？这些问题都有待进一步的研究。对于应用研究，计算思维要素的教学案例完全可以从现有的幼儿园至12年级延伸到高职高专甚至本科教育，需要研究者和实践者进一步去探索。

4.2 计算思维能力的培养

计算机在生活中的应用已经无所不在并无可替代，而计算思维的提出和发展帮助人们正视人类社会这一深刻的变化，并引导人们通过借助计算机的力量来进一步提高解决问题的能力，从而能够利用技术的革命性变化解决21世纪的重大挑战。因此，在

---

1 郭喜凤, 孙兆豪, 赵喜清. 论计算思维工程化的层次结构[J]. 计算机科学, 2009, 36(4): 64-67.

教育中应该提倡并注重计算思维的培养，使学习者具备较好的计算思维能力。

认知发展理论认为人的认知/思维发展从幼儿时期就开始了，这种发展受成长环境的影响，呈现明显的个体差异，而其中教育是使认知/思维发展的可能性变成现实的必要条件，同时也是加速或延缓思维发展的重要因素[1]，有效的教学干预可以促使思维某方面的能力提前达到甚至超越预期的思维发展阶段，反之也会受到抑制[2]。因此，在儿童、青少年、成年时期都可以通过有效的教学对学习者的计算思维能力的发展进行有效干预。

▶▶▶ 4.2.1 培养计算思维能力要遵循操作性定义的指导

当前国内对计算思维的认识主要集中在概念性定义上，虽然概念性定义较好地阐释了计算思维的意义与内涵，但是对于非计算机科学及其相关研究领域的学习者而言较为深奥，不少学校感到难以落实。并非每位知道"思维"的人都是哲学家，也不是每位了解"计算思维"的人都是计算机或相关领域的科学家，不应当把计算机课程当作哲学课来上。概念性定义指导下的非专业教育培养容易陷入"假大空"的误区，学习者容易陷入对计算思维概念本身、产生来源、历史发展、原理等的无限探讨中，反而远离了计算思维在日常生活中的应用实际以及如何通过逐级理解和掌握获得计算思维能力的过程，从而脱离了培养计算思维的本质，即切实提高解决问题的能力。

遵循广义计算思维的理念，所有学习者都应该了解计算思维在社会生活中的实际应用，都应该通过掌握计算思维能力使问题解决更有效率。计算思维作为抽象的思维形式，不能像知识一样通过直接教学进行传递，而计算思维的两种具体表现形式，也需要在解决问题的过程中才能观察到。计算思维能在实践过程中被观察，也应该在实践中被指导。而源于应用研究的操作性定义，正是对计算思维在解决问题的过程中的分析和阐释，将"计算思维"分解成易于理解的过程、方法、行动、品质等，从而使学习者将计算思维与自身能力、生活、学习有所联系，建立直观的参考，并且方便教育者据此建立评价标准，使抽象的计算思维概念可视化、可量化。操作性定义能够实际指导并提升学习者计算思维能力，对学习者计算思维能力的培养，提升思考和行动能力具有现实意义。

▶▶▶ 4.2.2 计算思维能力培养要从娃娃抓起

目前美国教育界广泛支持计算思维在教育中普及，包括美国计算机协会（Association of Computing Machinery，ACM）、美国国家计算机科学技术教师协会（CSTA）、国际教育技术协会（ISTE）等具有影响力的组织在内的众多团体，他们认为

1　朱智贤，林崇德. 思维发展心理学[M]. 北京：北京师范大学出版社, 1986.
2　斯莱文，Slavin R E，姚梅林. 教育心理学: 理论与实践[M]. 北京：人民邮电出版社, 2004.

计算思维的培养应该遵循人的认知发展规律，从小培养，因此积极推进计算思维在中小学教育中的融入。欧洲的计算机领域、教育界、商界及政界的专家学者一致认同[1]计算机正在改变人们的思维方式，政策上的变化和教育改革可以帮助欧洲具备持续的竞争力。其中教育改革必须从中小学开始，鼓励新的教学模式的发展，从小开始培养新的思维模式（即计算思维，作者注）[2]。

根据中小学教育的特点，专业性的计算机领域知识涉及较少，因此更加注重计算思维能力的培养，该阶段的培养目的是让学习者体会到计算机/信息技术是如何有效提高人的能力，并使学习者能够运用计算思维（创造性地）解决（一般/非常见）问题。因此，应该进行跨学科的计算思维能力培养的渗透，根据不同学科的特点有针对性地融入计算思维能力的培养，这就需要设计和尝试新的教学模式。另一方面，中小学学习者的特点决定了计算思维能力的培养应该在实践中进行，在不断的问题解决的过程中体会、理解、熟悉，逐步具备相应的思维能力。学习者在中小学阶段其实已经逐步了解了很多计算思维相关的概念，但是并没有接受系统的训练和教育。比如，中学期间学习者在代数学科中正在学习从解决特定问题到提炼通用公式，此时教师可以告诉学习者"抽象"（abstraction）（属于计算思维中的思维要素之一）这一概念，同时展示在电子表格（Excel中的Spreadsheet）中如何使用这个抽象公式，通过这样的方法将计算思维能力要素有效地整合进教学中，使提炼公式的抽象过程更加明显，使学习者有意识地注意这一思考过程，从而达到培养计算思维能力并灵活运用抽象方法的目的。

跨学科的计算思维渗透并不需要重新设计所有课程的所有内容，教师通过灵活的引导和有效的实践活动就能轻松实现。国外已经有较为成熟的项目可供借鉴，如ISTE和CSTA共同推进的"利用计算思维平衡思想领导力的K12课程"（Leveraging Thought Leadership for Computational Thinking in K12 Curriculum）项目研发的跨学科、跨年级的学习案例，DIMACS 发起的VCTAL项目中研制的以学生为中心任务驱动的教学模块，以及在《计算思维：每个课堂都能用到的问题解决工具》（"Computational Thinking: a Problem Solving Tool for Every Classroom"）[3]报告中推荐的自然科学、数学、语言、艺术等学科中的计算思维教学案例。

1984年，邓小平同志提出"计算机的普及要从娃娃做起"，为推动计算机在我国中学生中普及，中国计算机学会于同年创建了信息学奥林匹克竞赛活动，早于国际信息学奥林匹克竞赛5年。新世纪以来，我国中小学也陆续开始了几何画板、LOGO语言、Scratch趣味编程软件的教学尝试，其中大部分还是基于计算机及相关学科的应用，少

1　Science|Business官网，http://www.sciencebusiness.net/pdfs/thinking.pdf

2　同2

3　Phillips, P. (2007). Computational thinking: A problem-solving tool for every classroom. In Present in the International Conference on NECC. URL: http://csta.acm.org/Resources/sub/ResourceFiles/CompThinking.pdf

部分属于跨学科应用，如几何画板应用在数学学科。然而这些尝试的初衷是为了更好地进行学科教学，尚未提升到帮助培养学习者计算思维能力的层面。因此，注重对学习者科学思维特别是计算思维能力的培养，需要得到教育者更多的关注，探讨怎样做才能真正实现"计算机的普及要从娃娃做起"的战略目标。

▶▶▶4.2.3　大学要重视运用计算思维解决问题的能力

从计算思维的概念性定义和操作性定义的属性可知，计算思维在大学阶段应该正确处理计算机基础教育面向应用与计算思维的关系，进行分层教学：所有目前接受计算机基础教育的学习者，以计算机应用为目标，通过计算思维能力的培养更好地服务于其专业领域的研究，应该接受融合了计算思维培养的计算机基础教育；对于以研究计算思维为目标的学习者（如计算机专业、哲学类专业研究人员），需要更深入地进行计算思维相关理论和实践的研究。

对于专业教育，美国计算机协会（ACM）2008年在网上公布对2001年计算机专业课程设置（Computing Curricula 2001: Computer Science final report，即CC/CS2001）进行的中期审查报告（CS2001 Interim Review）（草案）中，就将"计算思维"与"计算机导论"课程结合在了一起，并明确要求该课程讲授计算思维的本质[1]，在我国也有的计算机类专业开设了"计算机导论"等课程。这些课程有助于接受计算思维专业教育的学习者深入理解计算思维的本质和内涵，帮助形成更扎实的计算领域专业基础，有助于学习者对本专业的深入研究与探索。

对接受计算机基础教育的学习者的计算思维培养问题，国内的讨论从90年代末开始，到近几年进入了高潮。

① 从2008年开始，教指委多次组织全国范围内的专题研讨，探究计算思维及其与高校计算机基础教育的关系。

② 2010年，北京大学、清华大学、西安交通大学等九所院校展开了"九校联盟（C9）计算机基础课程研讨会"，会后发表了《九校联盟（C9）计算机基础教学发展战略联合声明》，认为"计算思维能力的培养"是计算机基础教学的核心任务，应该加强以计算思维能力培养为核心的计算机基础教学课程体系和教学内容的研究。

③ 2012年8月，第八届全国高等学校计算机教育改革与发展高峰论坛（2012）暨大学/高职计算机基础教育高峰论坛对于非计算机专业大学计算机课程改革与"计算思维"培养的问题进行了多视角研讨，认为有必要在非计算机专业大学计算机课程中引入计算思维，以及应当深入研究如何培养计算思维。

1　ACM维基，http://wiki.acm.org/cs2001/index.php?title=Main_Page
2　董荣胜.《九校联盟(C9)计算机基础教学发展战略联合声明》呼唤教育的转型[J]. 中国大学教学, 2010 (10): 14-15.

④ 2012年11月，教育部高等教育司（简称"高教司"）和教指委共同启动了"以计算思维为切入点的新一轮大学计算机课程改革"项目。同年12月，研究会启动了"大学计算机课程改革"项目立项。

⑤ 2013年4月，北京大学、清华大学、中国人民大学等43所院校[1]的文科计算机基础教学负责人对文科的"大学计算机"课程进行了广泛而深入的研讨，形成的"厦门共识"认为，计算思维是计算机应用培养中的一个重要组成部分，而面向应用才是大学计算机课程教育的出发点与归宿，应该坚持在计算机面向应用的过程中培养计算思维能力。

⑥ 2013年6月，研究会高职高专专业委员会在南京开会，启动高等职业教育大学计算机公共课程改革项目。

⑦ 2013年8月，第九届全国高等学校计算机教育改革与发展高峰论坛（2013）深入探讨了推进新一轮大学计算机基础教育改革的理论和实践。论坛上发布的《关于新一轮大学计算机基础教育教学改革的若干意见》认为，计算机应用能力培养是大学计算机基础教育的长效目标，也应是新一轮大学计算机基础教育教学改革的核心内容。

当前我国计算机基础教育领域对于计算思维与计算机基础教育的关系所进行的讨论和争论，有助于推动计算机基础教育的深入发展。

大多数教师认识到：计算机基础教育的本质仍然是计算机应用的教育，与计算思维相融合的结果使计算思维成为帮助学习者获得更有效的应用计算机的思维方式。对于广大师生而言，他们的目的是通过提升计算思维能力更好地解决日常问题，更好地解决本专业问题。因此无论是本科还是高职高专，计算思维培养的目的应该满足这一要求，而不是把计算机课程变成计算思维的哲学课。当前计算机基础课的教学目标是让学习者具备基本的计算机应用技能，只需要在此基础上强调计算思维的培养，如哈尔滨工业大学战德臣教授提出在计算机基础教育中强调计算学科的普适思维（计算机的思维和应用计算机的思维）（即计算思维，作者注）以及计算学科的基本素质[2]，该思想在其编写的《大学计算机——计算与信息素养》教材以及大学计算机基础课程实践中得到了充分的体现。针对专业问题的解决，需要在跨学科进行计算思维渗透的基础上，更应该有针对性地把握各专业特点并掌握各专业的发展形势，将计算思维通过以与专业更贴近的内容为载体，将计算思维巧妙地融合进去。目前许多专家正在进行这样的尝试，如河北农业大学滕桂法教授主持编写的《计算农业》教材及其课程研究，

---

1 厦门会议43所院校名单（按大区依院校笔画为序排名）
中央财经大学 中央音乐学院 中国人民大学 中国传媒大学 中国政法大学 北京大学 北京语言大学 北京联合大学 对外经贸大学 清华大学 南开大学 河北大学 东北大学 沈阳体育学院 吉林大学 上海大学 上海师范大学 上海商学院 东华大学 华东师范大学 南京大学 南京大学金陵学院 南京艺术学院 南京财经大学 浙江工商大学 浙江传媒学院 厦门大学 景德镇陶瓷学院 山东工艺美术学院 安阳师范学院 长江大学 湖南大学 怀化学院 广西大学 广西艺术学院 海南大学 西南大学 重庆大学 西安电子科技大学 陕西师范大学 兰州大学 塔里木大学 新疆大学
2 战德臣，聂兰顺，徐晓飞. "大学计算机"：所有大学生都应学习的一门计算思维基础教育课程 [J]. 中国大学教学，2011:15-20.

在介绍了计算机、计算思维和相关知识之后，通过计算农业应用中的案例（农业数据采集处理、生物统计、基因测序等）使学习者将计算机、计算思维与本专业有机结合，并通过综合性的农业大数据（物联网、云计算、数据挖掘等）项目进一步使学习者认识到计算思维、计算机对本专业发展的支撑作用，同时也锻炼了学习者创造性地通过计算思维，借助计算机等智能设备更好地解决农业问题的能力。

▶▶▶ 4.2.4　计算思维能力的培养方式

我国著名科学家钱学森从哲学和生理学两个角度解释了思维的规律性，从而佐证了思维能力是可研究的，也是可教的[1]。如果按照认知心理学将知识分为陈述性知识和程序性知识，可以将关于思维的知识也分为陈述性的和程序性的。这样，思维相关的概念、事实、定义、特点等应该归类为陈述性知识（知道是什么）。而思维能力则属于程序性知识（知道怎么做）[2]，不容易描述但容易呈现并被识别，并且可以通过示范、练习和辅导的方式得到强化和矫正[3,4]，就像游泳、骑车等能力。计算思维能力的培养也应该遵循思维能力的培养方式，即在掌握陈述性知识的基础上，通过练习强化习得程序性知识，其中练习强化是重点。

在课堂中，鼓励通过"概念引入—案例引导—项目训练"这样循序渐进的方式逐步渗透计算思维。通过概念引入计算思维的相关知识基础，再通过案例学习体会计算思维在实际中的应用，并深入理解计算思维的内涵和特征。案例是包含一个或多个问题及其解决过程的真实情境，学习者需要在教师的讲解和指导下通过自学、讨论、听讲等形式进行学习。由于计算思维能力只有通过在非计算领域的迁移应用才能体现学习者的能力发展程度，因此需要通过丰富的项目学习的综合锻炼，提升计算思维的灵活应用能力。项目是包含一个或多个任务（问题）及其要求的真实情景，学习者可以以个人或小组的形式在教师的帮助下完成或自主完成项目任务。在项目训练的过程中，学习者一般将经历"模仿—设计—创造"三个阶段，如图4-1所示。在这三个阶段，项目的复杂度也在逐步增加。学习者在模仿阶段会有意识地借鉴或复制之前案例学习中的经验，计算思维能力还处于形成练习阶段，教师应该给予鼓励，并引导学习者更有针对性地、更自主地进行问题解决；在设计阶段，学习者将会尝试自主进行解决过程、步骤、方法的设计，计算思维能力处于熟练阶段，教师应注重在系统性、全面性等方面对学习者进行引导；在创造阶段，学习者将尝试方法、工具、手段等方面

1　卢明森.钱学森思维科学思想[M].北京：科学出版社，2012.
2　爱德华·德·波诺，汪凯，王以.比知识还多[M].北京：企业管理出版社，2004.
3　比利·阿斯金斯，吉恩·斯威肖，封学刚.现代思维技能教学运动和校长的教学领导[J].辽宁教育学院学报：社会科学版，1989 (01)：40-42.
4　汪圣安.思维心理学[M].上海：华东师范大学出版社，1992.

的创新，计算思维能力处于自动化阶段，教师应注重鼓励，可作为伙伴角色参与其中。

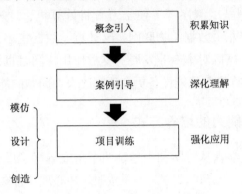

图4-1　计算思维渗透方式

　　当前我国课堂中广泛使用的教学方法还比较传统，比如讲授、案例、讨论等，只能部分满足对计算思维能力从了解到自动化的培养过程。从上述方式可以看出，计算思维能力的培养重点是以项目课程为载体，通过不同性质的项目设计，逐步提高计算思维能力，因此，项目设计是融合了计算思维能力培养的课程设计中的关键和难点。为鼓励提升计算思维能力，CSTA认为课堂应该鼓励学习者对以下问题进行思考[1]：

　　① 人类智慧和计算机智慧的优势和局限在哪里？

　　② 这个问题有多难？

　　③ 这个问题应该如何解决？

　　④ 解决这个问题的时候可以使用技术吗？

　　⑤ 这个问题可以使用哪种计算策略？

　　在项目设计和教师指导的过程中，都应该思考上述问题，使学习者的学习不仅仅停留在使用工具/积累知识的层面，而是创造工具/知识，将知识传授型教学转变为思维激发型教学。

4.3　计算机基础教育改革中的计算思维及其能力培养

　　计算机基础教育的本质是计算机应用教育，培养学生具备在各个领域应用计算机的能力，推动各个领域的信息化。而思维正是产生于各种实践应用中，随着实践而发展，同时又指导实践。计算机基础教育的课堂是应用的课堂，同时也是思维训练的课堂。教学的过程不仅是知识传递、实践锻炼的过程，也是思维发展的过程。过去我们往往更加注重知识的传递，忽略了对学习者实践能力，以及伴随实践能力增长的思维

1　Phillips, P. (2007). Computational thinking: A problem-solving tool for every classroom. In Present in the International Conference on NECC. URL: http://csta.acm.org/Resources/sub/ResourceFiles/CompThinking.pdf

能力的培养。

计算机基础教育能够培养学习者的科学思维能力，其中包括计算思维、实验思维和理论思维，而这些思维又可以细分为更多形式，如逻辑思维、抽象思维等。之所以当前学界强调计算思维，是因为计算思维作为一种新概念、人类思维发展的新形式，需要进一步被研究、被认识，并且计算思维发源于计算科学领域，具有计算机领域专业特色。计算机基础教育中不同的知识和应用，体现的是不同的思维形式，因此，需要根据不同的内容和要求选择合适的呈现形式、教学方法进行教授，从而达到发展学习者不同思维能力的效果。我们应该避免"为了计算思维而计算思维"的误区，不应该以单纯地计算思维能力培养作为计算机基础教育的目的。

基于以上论述，对于此次计算机基础教育改革中计算思维及其能力培养的定位有如下认识：

① 计算机基础教育的根本目的是提高学习者的计算机应用能力。注重学习者思维能力的发展，能更高效地达到培养学习者计算机应用能力的目的。因此应该在计算机基础教育中强调对思维能力的培养。

② 计算机基础教育能够培养学习者的科学思维，甚至科学思维以外的其他思维能力。计算思维是科学思维的组成部分，是具有计算机领域专业特色的思维形式，正确地认识计算思维有利于教育工作者更好地进行有效教学。

③ 思维（包括计算思维）能力的培养是在行动过程中完成的，在思维能力培养过程中同时也要注重身心素质的培养和养成。

④ 通用能力（思维能力和行动能力）培养的目标是使其与专业能力相结合，从而解决问题并进行创新，案例和项目是通用能力培养的载体。

第5章 大学计算机课程设计框架

5.1 课程设计理念

大学计算机基础教育课程设计理念可概括为：将传承与创新相结合的大学计算机基础教育理念落实于课程设计中；课程设计方法要有理论支持；将计算思维能力培养作为大学计算机基础教育的重要任务；提升学生运用计算机理论与技术解决专业问题的能力。基于上述理念的计算机基础教育课程设计方法应具有以下几方面的特征：

1. 课程设计方法应具有教学改革的高起点

大学计算机基础教育已经走过三十年的历程，概括起来就是大学计算机基础教育要"面向应用、需求导向、能力主导、分类指导"。已经取得的经验是前人大量实践的结晶，在新的改革中必须坚持和传承大学计算机基础教育的基本规律，课程设计方法也应以此为基础，使其具有教学改革的高起点。

2. 课程设计方法要能实现大学计算机基础教育教学改革的目标

本次大学计算机基础教育教学改革的目标是：更新课程内容，适应计算机技术发展；重视计算思维能力培养；着力提升运用计算机技术解决问题的能力；设计多样化课程体系，实施灵活性教学四个方面。新的课程设计方法应能保证上述目标的实现。

3. 课程设计方法应具有理论支持

大学计算机基础教育包含了计算机和教育两方面的概念，其内涵涉及计算机和教育两个学科的内容。过去讨论大学计算机基础教育，关注计算机学科领域较多，要求概念准确、内涵清晰等，但对教育学科关注不够，概念运用也较随意。实际上，在"大学计算机基础教育"这个短语中"计算机"是定语，而"教育"是中心词，讨论大学计算机基础教育有必要更多关注"教育"层面的概念和内涵。就此而言，正如本书第3、4章所述，大学计算机基础教育课程设计方法的构建应得到涉及教育的两方面理论支持，其一为对能力概念的理解和能力培养的方式；其二是对计算思维概念内涵的认识和计算思维能力的培养方式。

4．课程设计方法本身应具有理论价值

课程设计方法本身应能体现大学计算机基础教育的理念，又应具有较强的系统性、逻辑性、应用性和可操作性，类似于计算思维的操作性定义，可直接指导大学计算机基础教育的课程设计和教学资源开发，同时也应具有分类指导的灵活性。

5．课程设计方法要能指导课程设计与教学分工

提出大学计算机基础教育课程设计方法，并不要求每个承担大学计算机基础教育教学的教师都需按此方法去设计课程。为优化设计和节约资源，进行大学计算机基础教育课程设计是少数骨干教师和专家的工作，一般可通过设置教学研究课题或教学改革项目来完成。实际操作中，大部分教师主要是使用设计和开发好的课程及教学资源，重点是对课程教学的设计和实施。

5.2　课程设计方法

本书提出的课程设计方法基于面向应用的课程设计理念；以非计算机专业对计算机应用的需求为设计起点；课程体系和课程设计有赖于能力模型的支持；建立面向应用、需求导向的基础级课程资源库；实现课程和课程体系的设计。因此，该课程设计方法可以称为面向应用的大学计算机基础教育课程设计方法，并用图5-1所示的流程图表示。

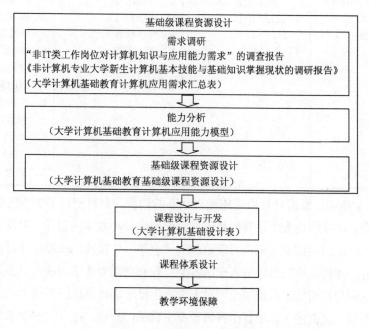

图5-1　课程设计方法流程图

下面具体阐述流程图中各部分的概念和内涵，称为该方法的操作性定义。

▶▶▶5.2.1 面向应用、需求导向的基础级课程资源设计与开发

1. 需求调研

需求调研是面向应用的大学计算机基础教育课程设计的起点，是落实面向应用的大学计算机基础教育的科学行动步骤，需求调研应包括两个方面的内容：

①对大学本科毕业生毕业后从事本专业工作所需的计算机理论知识、技术技能以及应用能力的调研。通过对调研结果的分析，可从宏观视角概括出非计算机专业工作所需计算机的应用领域有哪些；每个应用领域中所需的计算机技术是什么；对计算机技术所应掌握的范围和所需计算机理论知识的程度等，最后应给出非计算机专业本科生对计算机应用需求的调研分析报告。按照上述思路，本项目组对非IT类工作岗位对计算机基础知识与应用能力需求进行调研（详见2.2节和附录B），并依据需求调研分析报告，总结归纳后给出"大学计算机基础教育计算机应用需求汇总"，见表5-1。

表5-1 大学计算机基础教育计算机应用需求汇总

计 算	数 据	网 络	设 计
A. 工程计算； B. 专业计算； C. 数学（字）计算； D. 模拟与仿真； E. 监测与预报； F. 其他	A. 数据（信息）获取； B. 数据（信息）管理； C. 数据（信息）发布； D. 数据（信息）安全； E. 其他	A. 局域网； B. 广域网； C. 互联网； D. 无线网； E. 网络操作系统； F. 网络管理； G. 网络安全； H. 其他	A. 艺术设计； B. 工业设计； C. 产品造型设计； D. 视觉传达设计； E. 环境设计； F. 景观设计； G. 服装设计； H. 室内装饰设计； I. 广告设计； J. 包装设计； K. 产品与装备设计； L. 机械设计； M. 其他

② 对大学新生已掌握计算机应用能力状态的调研。只有把握了学生已掌握计算机应用能力的状态，才能明确大学计算机基础教育课程内容和教学的起点，以及应采取的教学方式和方法。该调研应注意从调研对象范围的"全集"中抽样，一般应针对全国高校的计算机基础教育，理论上应在每年进入全国各类高校和各类专业学习的三百多万大学入学新生中抽样，以避免调研结果以偏概全。对大学新生已掌握计算机应用能力状态的调研也应给出调研分析报告。上述工作最好由各级教育主管部门立项，由专门的学术组织或机构实施，定期发布结果，供大学计算机基础教育课程设计开发专家和教师参考。

附录C《非计算机专业大学新生计算机基本技能与基础知识掌握现状的调研报告》是本课题组针对大学生所进行的计算机应用能力调研。

2. 能力分析

大学计算机基础教育应以能力培养为主导，新一轮大学计算机基础教育教学改革的主要目的在于深化其能力内涵，改变以培养操作能力为主的状态。通过本书第3章的论述可知，能力具有多种要素，构成一个比较复杂的能力体系。对于不同的活动目标，可以构建基于目标的能力模型。能力分析的任务主要有：

① 依据需求分析确定大学计算机基础教育培养学生的能力目标和能力要素组成。这些能力目标和能力要素组成既要体现大学计算机基础教育面向应用的特征，又要体现大学计算机基础教育教学改革要做到的计算思维、解决问题等方面能力的提升。

② 不同能力的培养需要采用不同的培养方式、教学方法和学习方法，要初步明确大学计算机基础教育中不同能力的培养方式、教学方法和学习方法。

③ 知识体系是能力体系的重要组成部分，信息素养是能力施展的基础保障，能力分析必须明确知识体系、信息素养在能力体系中的作用和定位。

作为能力分析的结果，最后还应给出"大学计算机基础教育计算机应用能力模型"。如第3章中给出的计算机应用能力体系框架。

3. 基础级课程资源设计

大学计算机基础教育的基础级课程资源设计的意义在于建立基于应用需求的课程资源。基础级课程资源来自应用需求，反映在能力模型中就是不同能力培养对资源的不同要求。基础级课程资源设计又是下一步课程设计的基础。基础级课程资源在课程设计中的作用，类似于建筑中构件的作用，所以又称课程的构件级资源。

大学计算机基础教育的基础级课程资源主要有三类：

① 反映计算机基本应用能力的资源；

② 反映计算机技术应用能力的资源；

③ 反映计算机综合应用能力的资源。

针对计算机基本应用能力给出了《大学生计算机基本应用能力标准》，它是大学生掌握计算机基本应用能力的最低要求，不同类型的本科教育和学科专业可在此基础上，依据各自需求进行必要的补充、提升，再设计课程。反映计算机综合应用能力所需的案例、项目资源与所设计课程密切相关，所以要结合课程设计给出。因此，本书资源建设的重点是三方面资源中基于"技术"的资源。本书用掌握技术要求的能力点、所需的知识点（知识单元），以及所需的科学思维要素，尤其是计算思维要素表示。

表5-2给出描述计算机技术资源的"大学计算机基础教育基础级课程资源设计表"。

表5-2　大学计算机基础教育基础级课程资源设计表

技术子领域	能　力　要　求		
	知识点	技能点	思维要素

▶▶▶ 5.2.2　课程设计与开发

课程开发是教师的长项，有了大学计算机基础教育基础级课程资源库，并遵循一定的课程开发规范或程序，课程的设计与开发就比较容易了。但为实现新一轮大学计算机基础教育教学改革的目标，使用本方法进行课程开发时仍需要注意以下几点：

① 课程的教学单元内容应取自基础级课程资源库，其能力、知识结构应体现计算机应用培养需求；

② 体现将新的计算机技术发展引进课程教学；

③ 体现能力内涵，融入计算思维能力；

④ 以培养解决实际问题的能力为目标，注重理论与实践、思维与行动能力相结合。

为实现以上要求，需将课程内容与专业结合，补充相应案例和训练项目等新的课程资源，支持大学计算机基础教育能力培养质量的提升。

大学计算机基础教育课程设计与开发可根据表5-3进行。

表5-3　大学计算机基础教育课程设计与开发表

课程单元	能　力　要　求			学习案例	实践项目
	知识点	技能点	思维要素		
综合项目					

▶▶▶ 5.2.3　课程体系设计

传统上，大学计算机基础教育课程体系设计是由教育部教指委和有关研究会发布权威性的意见或建议，如已实施多年的典型课程体系1+N模式，就是这样发布、实施的。基于新一轮大学计算机基础教育教学改革的目标，大学新生计算机基本应用能力不均衡的状态，以及大学计算机基础教育"分类指导"的原则，大学计算机基础教育教学改革中应更加注重课程体系的改革与创新，使其更加适应专业的需求、学生的需求，具有更多的灵活性，使学生具有更多的选择权和决策权，以适应不同类型学校、不同学科专业的需要。本书将给出多种大学计算机基础教育课程体系设计的指导性建议，由学校自行设计、构建课程体系。

▶▶▶5.2.4 教学环境保障

任何课程或课程体系设计都蕴含着支持其教学实施和保证其教学质量的教学环境要求，尤其是在教学改革实施阶段，改革带来的教学环境变化更需引起重视，并在新的课程或课程体系实施时，对新的教学环境需求进行评估。通常，新的教学环境需求可包括以下三个方面的内容：

1. 师资教学环境保障

新一轮大学计算机基础教育教学改革的课程或课程体系设计对教师的专业水平和教学能力都提出新的要求，如将新计算机技术引进课程，要求教师的专业能力跟上计算机技术的发展；大数据技术的引进需要教师将数学知识与计算机知识融合等，而计算思维和解决问题的能力的培养需要教师掌握、使用新的教学方法。

2. 计算机软、硬件实践环境保障

将新计算机技术引进课程，要求增加与之匹配的设备和软件等保障，需要学校增加新的投入，适应新的计算机软、硬件实践环境要求。

3. 基于现代教学技术的环境保障

现代教学技术正改变着传统的教学方式，要求教师鼓励学生自主学习、适应学生不均衡的学习基础，调动学生学习的积极性。新一轮大学计算机基础教育教学改革需要引进如课程学习平台、翻转课堂、微课程、MOOC等现代教学技术手段。这不仅需要学校创造新的教学和学习环境，而且需要教师掌握新的教学技术，学生适应新的学习方式。

第6章 《大学生计算机基本应用能力标准》简介

6.1 背景与意义

以计算思维为切入点的新一轮大学计算机基础教育教学改革开展以来，对当前计算机基础教育的反思从本科蔓延到了包括高职高专在内的其他高等院校。这一过程伴随着大量的讨论与探索，其中广受关注的一个主题是，在中学进行了信息技术课程普及之后，大学计算机基础课程是否还有继续开设的必要。该讨论隐含的假设是，在中学普及的信息技术课程已经使即将进入高等院校的新生具备了一定的计算机应用能力，不需要重复学习大学计算机基础课程了。然而，调研[1,2]显示，中学信息技术课程必修部分的课程标准注重的是对信息技术的体验和了解，并要求熟练使用信息技术工具（计算机基本操作能力），但是对计算机基本应用能力（即熟练使用信息技术创造性探索或解决实际问题）方面，没有提供系统的训练和明确的达标要求，并且由于信息技术课程在中学并非主课（即高考课程），在学校里普遍被边缘化，不受重视，加之受地区教学资源差异、学生个体情况、家庭经济状况等多重因素影响，导致学生个体掌握计算机基本操作能力存在不系统、不规范、不均衡的情况。因此，仍然需要大学计算机基础课程对学生的计算机基本操作能力进行规范、补齐和提高。

在大学计算机基础教育发展的三十年过程中，形成了较为完善的面向应用型和研究型大学的计算机基础课程体系，在实践层面，各类院校根据实际情况自行开设和实施计算机基础课程，并自行组织对学生计算机基本应用能力的评价，高校层面未形成统一的评价标准。而全国计算机等级考试（NCRE）提供了面向全社会的、用于考查应试人员计算机应用知识与技能的全国性计算机水平考试体系，其中三、四级逐渐向专业化发展，一级是操作技能级，是对计算机基础知识及计算机基本操作能力的考核，包括计算机基础及WPS Office应用、计算机基础及MS Office应用和计算机基础及Photoshop应用三个科目。前两个科目的内容与大学计算机基础课程较为符合，但只是后者（大学计算机基础课程）的子集，从现有的体系来看，后者不仅包括计算机基础

1　附录C《非计算机专业大学新生计算机基本技能与基础知识掌握现状的调研报告》
2　附录B "非IT类工作岗位对计算机知识与应用能力需求" 的调查问卷

和MS Office应用，还涵盖数字公民素养、硬件及网络故障、信息化社会发展趋势等其他方面知识。

综上所述，研制一个符合我国学情、符合当今信息社会人才基本要求、符合社会发展规律的《大学生计算机基本应用能力标准》（简称《能力标准》）是规范、补齐和提高大学生计算机基本应用能力的需要，也是计算机基础教育发展的需要。任何教与学的过程，都必须有其进步的目标，并且需要评价的督促，才能显示出其效果，标准就是这个过程中的目标，也是评价的有力指标。

6.2　作用

《能力标准》的适用对象是接受我国普通高等教育所有专业的学生（我国普通高等教育/院校包括高职高专教育/院校，下同，不再赘述）。《能力标准》为我国普通高等院校学生提供了一个基本评价标准，同时它为建立我国全民信息素养标准提供借鉴和参考。《能力标准》的作用具体表现在以下三个方面：

1. 完善大学计算机基础教育体系

鉴于目前大学计算机基础教育领域并没有统一的针对大学生计算机基本应用能力的标准，因此，《能力标准》的研制能够填补这一空白。《能力标准》是全国普通高校学生立足于当今信息社会所必须具备的素质能力要求，也是全国普通高校计算机基础教育教学的目标依据和检验教学成果的重要标尺。

2. 促进全国普通高校学生计算机应用能力的均衡规范发展

由于当前中学阶段的信息技术教学存在不系统、不规范、不均衡的现象，为了整体提高我国普通高等院校学生的计算机应用水平，普通高等院校的计算机基础教育应该将重点放在知识和能力的补齐和规范上。《能力标准》能够服务于这一重点目标，为学生计算机基本应用能力提供统一的衡量标准，同时也为课程设计提供值得参考的规范和系统的知识能力体系。

3. 推动全民信息素养的提升

当前人类已经处在一个信息泛在、技术普及的时代，作为信息检索、评价与利用和信息道德等素质的综合体现，信息素养在信息时代尤为重要。《能力标准》作为全国普通高等院校大学生的计算机基本应用能力标准，希望通过在高等院校的普及，能够带动全社会对信息素养的重视和培养，推动构建全民信息素养培养体系。

6.3 依据与指导思想

《能力标准》应具有科学性、先进性、系统性和规范性，同时还应充分考虑现阶段我国普通高等院校的计算机基础教育实施情况和学生的现有水平，使其具有可操作性。因此在《能力标准》研制过程中，以我国初高中《信息技术课程标准》（必修课部分）为基础，参考《全国计算机等级考试一级MS Office考试大纲》（2013年版），并大量吸收了广大一线教师和领域学者的经验及研究成果，力求本《能力标准》能够立足我国国情，贴近教育现状；同时借鉴美国大学计算机基础教材《理解计算机的今天和未来》（"Understanding Computers: Today and Tomorrow , Comprehensive"）（14版）（简称"美版教材"），以及国际权威的国际互联网和计算核心认证全球标准（Internet and Computing Core Certification Global Standard 4，IC^3），合理体现时代发展对人才的需求变化，使《能力标准》能够与国际水平接轨，并体现计算机领域的发展趋势。

6.4 体系与特点分析

本标准在整体结构上分为两个层次，五个模块。第一个层次面向计算机基本操作能力的培养，分为"认识信息社会"、"使用计算机及相关设备"、"网络交流与获取信息"和"处理与表达信息"四个模块，并进一步划分为二十个子模块；第二个层次注重软件工具应用能力的提升，相应的模块是"典型综合性应用"，包括十二个典型综合性应用问题，如图6-1所示。

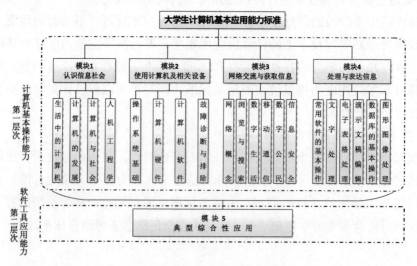

图6-1 《能力标准》的整体结构

第一层次体现的是计算机基本操作能力，包括对计算机基本知识、基本素养和基本使用的掌握。学习计算机及其相关知识，首先应该建立对计算机及其在社会生活、工作中的定位和作用的正确认识之上，即模块1——认识信息社会；然后，开始对计算机的直观体验和基本操作，即模块2——使用计算机及其相关设备；接下来，从应用最为普遍的网上搜索、交流、通信等开始了解并掌握计算机的使用，即模块3——网络交流与获取信息；最后学习使用合适的软件解决办公、交流等实际问题，即模块4——处理与表达信息。

子模块以知识/能力主题为划分依据，如模块3"网络交流与获取信息"包含六个子模块，网络概念（子模块1）以"网络"为主题，主要介绍网络及网络连接的相关概念，这是使用计算机上网的前提条件；浏览与搜索（子模块2）以"搜索引擎"为主题，介绍搜索过程及方式等内容，这是使用计算机上网的最常见行为；数字通信与生活（子模块3）以"生活应用"为主题，介绍网络在生活中的常见使用，如进行沟通交流、完成线下生活行为等，这些都是计算机在生活中的其他常见用途；数字公民（子模块5）以"素质"为主题，提醒进入网络生活的所有公民在线应该遵循的通信标准及责任义务；信息安全（子模块6）以"安全"为主题，介绍网络中常见的安全威胁及其防护和相关的安全立法。

第一层次模块的安排符合学习者对计算机的认知规律，知其然（外特性，模块1和2）到知其用（使用体验/感受，模块3和4），面向计算机的应用，而不是计算机的理解和原理探究。模块式的划分也便于课程设计者和自主学习者自由组合学习内容。"先基础后应用，先易后难"的学习线索，有助于更系统高效的教与学。

第二层次是计算机基本应用能力，体现综合运用科学思维能力、科学行动能力和计算机知识与操作技能解决问题的能力。"典型综合性应用"是面向软件工具应用能力的提升。所谓软件工具应用能力是指在具备计算机基本操作能力基础上，以实际应用问题为指向，能够运用与实际应用问题相关的背景知识，设计和优化问题解决方案，完成任务和取得圆满结果的能力。在解决问题的过程中，思维和行动能力将得以体现，同样在基本应用能力培养过程中，思维和行动能力也将得以培养。与计算机基本操作能力最大区别在于软件工具应用能力是以应用问题为指向的，而计算机基本工具和基本操作是解决问题的手段。

"典型综合性应用"中包含十二个典型问题。解决这些问题需要对包括第一层次的基本操作能力，以及系统分析能力、科学思维能力（特别是计算思维能力）等的综合运用。在实际教学中，操作应用的载体是教学案例或项目。教师可以根据教学情况自主设计包含（并不限于）这些典型任务的教学案例或项目，以锻炼学生软件工具应用能力,以及通用能力(科学思维能力和科学行动能力)。例如"布局与排版"这一典型问题,可以衍生出在文字处理软件中进行布局排版的案例或项目,也可以是在电子表格软件中布局排版的案例或项目,案例或项目的内容可以涉及名片的制作、海报的制作、论文排版、工作表的格式化、样式和模版、自动套用模式的使用等。

当前我国大学计算机基础教育多是知识传授型教育,这一模式不适合进行通用能力(思维能力和行动能力)的培养,此次大学计算机基础教育改革不仅是对教育过程中的内容、体系的反思,更是对教学方式的反思。综合能力特别是思维能力的培养适合采用以案例或项目为核心的教学方式,从而使学生在模拟真实情境的教学中获得全面的发展。本标准力图通过第二层次的综合提升,促使大学计算机基础教育中教学方式的转变,从而从根本上提升计算机基础教育的竞争力和教学效果。

本标准在前述三个参考标准的基础上,融合了我国大学计算机基础教育专家和一线教师的多年经验,进一步丰富了标准的内容和覆盖面,并且详略有序。本标准在NCRE一级MS Office的基础上,增加了信息素养方面的内容,如人机工程学、在线交流与生活、数字公民等;在美版教材的基础上,强调了常用软件的实际应用和操作技巧,并且降低计算机使用者对硬件设备的认识要求,只需要根据使用情况熟悉部分重点硬件和固件;在IC^{3}的基础上,该标准增加了对计算机发展与趋势、移动通信和生活的掌握要求,从而使本标准更加系统化。

大学计算机基础教育
教学资源建设

第3部分

第7章 基础级课程资源设计概述

大学计算机基础教育教学改革的成效最终要落实到课程的改革。如何设计面向计算机应用的课程是本课题所要重点研究和解决的问题。

7.1 大学计算机基础教育的主要应用领域

对于非计算机专业而言，大学计算机课程不是专业课程。大学计算机基础教育的受众不是计算机专业的学生。对于这些学生来说，计算机学科体系是否完整、规范，不是他们所关心的重点。而且，大学计算机基础教育课程的学时有限，不具备完整呈现计算机学科体系的基本条件。因此，非计算机专业大学计算机基础教育课程的设计不能完全按照计算机专业的学科知识体系进行构建。

非计算机专业大学计算机基础教育是面向应用的教育。非计算机专业学生学习计算机课程的目的是提升计算机的应用能力。这里提及的计算机应用能力不仅包括操作计算机、应用计算机的能力，还应包括在信息社会工作、生活所必须要掌握的理论知识。当然，这些不应该是脱离应用需求的纯学科理论知识，而应是与计算机应用相关的理论知识。

对于非计算机专业的学生，大学计算机基础教育应该满足他们专业学习的需求；适应毕业后在各领域应用计算机进行工作的需求；满足学生未来的职业迁徙需求。要达到满足他们的需求的目的，应该确定非计算机专业学生对学习、使用计算机的需求是什么？他们是否需要掌握计算机专业的学科知识？他们在有限的教学时间内要学到什么？

不同行业中对计算机有不同的使用要求。通过对非计算机专业学生毕业后在非IT类工作岗位上应用计算机的情况进行的调查，了解对计算机应用（包括知识、技术等）的需求情况。调查对象是非IT类工作岗位上的大专以上学历工作人员，调查方法采取随机抽样，调查范围主要是北京地区，涉及九大行业的企事业单位中非IT类的各工作岗位（详见第2章及附录B）。

对于非计算机专业工作中计算机应用领域和使用内容的调查分析，有如下结论：

1. 非IT类工作岗位对计算机知识与应用能力的需求

课题组对非IT类工作岗位对计算机技术的需求进行了调查，被调查者在如下选项选择其工作中所使用的技能：

A. 使用计算机编辑文档

B. 使用计算机管理统计数据

C. 使用计算机制作演讲稿

D. 使用网络进行浏览、交流、购物等

E. 计算机及网络应用（计算机基本操作、收发电子邮件、使用Internet等）

F. 常用软件的应用（办公软件、查杀病毒软件、压缩软件、娱乐软件等）

G. 其他

对调查结果的统计（详见第2章及附录B）表明：

① 选择"使用计算机管理统计数据"和"计算机及网络应用（计算机基本操作、收发电子邮件、使用Internet等）"两项的人数最多，分别占比87.5%，并列排在第一位；

② 选择"常用软件的应用（办公软件、查杀病毒软件、压缩软件、娱乐软件等）"，排在第三位，占比86.6%；

③ 选择"使用计算机编辑文档""使用计算机制作演讲稿""使用网络进行浏览、交流、购物等"选项排在第四至六位，选择的人次数非常接近，占被调查总人数的比例均超过80%。

调查说明，计算机基本操作能力和基础知识是非IT类工作岗位所必须具备的，如果小学教育还不能全面、高质量完成这一教学任务，则大学计算机基础教育必须使学生能够达到这个基本要求。

2. 非计算机专业毕业生运用计算机的主要领域

随着信息技术的发展，计算机应用领域越来越广泛。大学计算机基础教育不可能涉及所有计算机应用领域。通过调查（详见第2章），确定了非IT类岗位工作中所面向的计算机应用领域和可能需要掌握的支持技术，共有四个主要的应用领域，包括计算、数据、网络、设计领域。

① 对于"计算"应用领域，排在前三位的应用子领域分别是"数字计算""专业计算""工程计算"；

② 对于"数据"应用领域，排在前三位的应用子领域分别是"数据获取""数据管理""数据发布"；

③ 对于"网络"应用领域，排在前三位的应用子领域分别是"互联网""局域网""无线网"；

④ 对于"设计"应用领域，排在前三位的应用子领域分别是"艺术设计""工业设计""视觉传达设计"。

7.2 大学计算机基础教育应用领域的支持技术

各个行业、专业的工作都涉及许多的计算机技术。即使在非计算机专业毕业生使用较多的计算、数据、网络、设计等应用领域中，还包含有许多具体的技术。前，高校非计算机专业一般只开设一至两门与计算机相关的课程。因此，大学计算机基础教育应该根据专业需求选择相关的计算机技术，而不是以计算学科为依据择教学内容。

如第5章所述，非计算机专业毕业生的主要应用需求集中于计算、数据、网络及计等应用领域。对于这些领域，相应的支持技术是计算技术、数据技术、网络技术、设计技术。

每一项技术都包含若干技术子领域。通过对技术、技术子领域的应用需求调查，利于以需求为导向构造课程体系、设计课程内容。调查结果表明（详见第2章及附录E

① 在"计算"技术中，排在前三位的技术子领域是"程序设计技术""语言""算法"；

② 在"数据"技术中，排在前三位的技术子领域是"数据处理技术""数据库技术""数据安全技术"；

③ 在"网络"技术中，排在前三位的技术子领域是"计算机网络技术""网络技术""网页设计技术"；

④ 在"设计"技术中，"多媒体技术"排在第一位，"CAD"排在第二位。

上述调查结果从一定程度上反映了四大类支持技术中的核心内容，也基本涵非IT类工作岗位的工作对计算机应用能力的基本要求。表7-1是根据上述调查分果，综合当前教学情况，并与相关专家研讨，所得到的非计算机专业毕业生所主用的计算机技术。

表7-1 非计算机专业毕业生所主要使用的计算机技术

计 算 技 术	数 据 技 术	网 络 技 术	设 计 技 术
a. 程序设计技术： 　语言； 　算法。 b. 软件工程技术： 　过程； 　规范。 c. 计算专用软件包。 d. 其他	a. 数据处理技术。 b. 数据库技术。 c. 数据（信息）安全技术。 d. 大数据技术。 e. 其他	a. 计算机网络技术： 　局域网； 　广域网； 　互联网； 　移动互联网； 　物联网。 b. 网络安全技术。 c. 网页设计技术。 d. 其他	a. 多媒体技术。 b. CAD。 c. 其他

以上所列出的计算机技术是按照工作岗位的需求而确定的，有一些技术直接与计算机专业的课程相对应，例如，计算机网络、多媒体技术等；也有一些技术并没有与现有课程直接对应，例如，规范等。实际上，可以根据专业的需求，以一种或几种技术为主构造课程，即以需求为导向设计课程。

7.3　基础级课程资源设计

在我国，高等院校的课程是按照学科体系的知识单元分类，以知识点表述课程的内容。通过对大学计算机基础教育教学改革的研究，我们认为完全按照知识体系组织课程有一定的局限性。大学计算机基础教育要实现为专业服务，就应使非计算机专业的学生直接感悟到计算机应用的价值。

如何从计算机技术应用入手，用什么方式表述以计算机技术为主体，融入计算思维及其他科学思维，并以提升解决问题能力为目标的课程基本要素成为课程构建的关键。

1. 划分技术子领域

划分技术子领域可以遵循不同的逻辑思路，遵循应用中使用技术的不同进行划分，如数据技术子领域的划分；或按照技术应用的领域进行划分，如多媒体设计技术子领域的划分；各个技术子领域组成基础级课程资源（见表7-2）。基础级课程资源是设计课程的"基础构件"，相当于"图书馆"，由专业、教师按专业需求、就业需求选择"基础构件"内容，并结合各自的特点，构造有针对性的课程体系。

技术子领域划分可能与对技术的理解有关，如表7-1中，将"计算"应用领域相应的"计算技术"划分为程序设计技术、软件工程技术、计算专用软件包等技术子领域，这种划分方式更多是根据调研结果，并从实际工作视角进行归纳；而在表8-1中，技术子领域的划分更多是针对课程和教学视角的观察，将技术子领域划分为计算模式、程序设计、问题求解、计算环境等。

此外，在分析计算机应用的技术子领域时，要特别关注、体现信息技术的新发展；体现计算机应用的新需求；体现培养包括计算思维在内的科学思维能力和解决实际问题的能力。

2. 描述技术的方式

一般说来，技术是为某一目的共同协作组成的各种工具和规则体系；技术是在劳动生产方面的经验、知识和技巧。计算机应用技术可以有如下类别：

① 基于知识的技术：包括知识点、原理、方法、概念、手段等，需要通过讲授等

方式实施教学。

②基于经验的技术：包括案例、项目等，需要在课程的教学中通过"实践"实施教学。

③基于工具的技术：主要是计算机作为工具的相关技术，计算机的基本操作技能。

技术有多种描述方式，经研究，本书拟用知识点、技能点、思维要素、应用案例和项目等基本要素描述技术，它们也是构建课程的"基础级课程资源"，其中知识点、技能点、思维要素要求在划分技术子领域时列出，见表7-2。而应用案例和项目等与具体课程联系紧密，应在课程设计时给出。

①知识点：基于知识的技术；

②技能点：主要是基于工具的技术；

③思维要素：计算思维等科学思维内容在课程、教学中的体现。

表7-2　各个技术子领域组成的基础级课程资源

技术子领域	能　力　要　求		
	知识点	技能点	思维要素
（以技术应用为线索）	（基于知识的技术）	（基于经验、工具的技术）	（基于计算思维表达体系）

3. 思维要素的选择与体现

计算思维是一个综合的概念，其表达体系是思维要素。目前，对计算思维要素的具体构成有不同的观点。我们在基础级课程资源中所提及的思维要素主要参照2013年8月教育部教执委发布的《计算思维教学改革白皮书》（征求意见稿），也有部分是课题组成员根据各自的研究补充、添加的，属广义的计算思维。所列选的思维要素以计算思维为主，也包括其他相关科学思维的要素。将思维要素列入基础级课程资源的目的在于将计算思维与其他科学思维能力培养要求显式地标注出来，有利于教学中强化思维能力的培养，更有利于体现大学计算机基础教育教学改革的主导思想。

随着计算机技术的普及与深入，以及对大学计算机基础教育为专业服务的更高标准要求，计算机应用能力的内涵已经发生了巨大的变化，突破了计算机科学与技术的学科专业领域层面，提升到为人类普适性能力层面。建立基础级课程资源是构建大学计算机课程的基础。

第8章　基于计算机应用技术的基础级课程资源设计

8.1　基于"计算"的基础级课程资源

▶▶▶ 8.1.1　基于"计算"的应用领域

计算可以看成是数据根据各种不同运算规则进行的变换。计算的"规则"可以学习和掌握，应用它进行计算可能会超出人的计算能力，解决方法可以是研究复杂计算的各种简化的等效计算方法使人可以计算；也可以是设计一些简单的规则，让机械代替人按照规则自动完成计算。

计算机科学与技术与各学科相结合，改进了研究工具和研究方法，促进了各学科的发展。以往，人们主要通过实验和理论两种途径进行科学技术研究。现在，计算和模拟已成为研究工作的第三条途径。

计算机得以飞速发展的根本原因在于计算机作为信息处理工具的通用性以及由此带来的计算机应用的广泛性。从计算机诞生至今，它以非凡的渗透力与亲和力深入人类活动的各个领域，对人类社会的进步与发展产生了巨大的影响。

1. 科学计算

科学计算又称数值计算，指应用计算机处理科学研究和工程技术中所遇到的数学问题。使用计算机求解各种数学问题的数值方法包括离散型方程和连续系统离散化的数值求解。

早期的计算机主要应用于科学计算领域，现在科学计算仍然是计算机应用的一个重要领域。在现代科学和工程技术中，经常会遇到大量复杂的数学计算问题，这些问题用一般的计算工具来解决非常困难，而用计算机来处理却非常容易。如高能物理、天体物理、工程设计、化学化工、材料科学、地震预测、石油勘探、气象预报、航空航天、基因分析等许多科学和工程领域都离不开科学计算。从20世纪70年代初期开始，逐渐出现了各种科学计算的软件产品。它们基本上分为两类：一类是面向数学问题的数学软件，如求解线性代数方程组、常微分方程等；另一类是面向应用问题的工程应用软件，如油田开发、飞机设计等。

由于计算机具有高运算速度和精度以及逻辑判断能力，因此出现了计算力学、计算物理学、计算化学、计算生物学等新的学科。

（1）计算力学

计算力学是根据力学理论，利用现代电子计算机和各种数值方法，解决力学中的实际问题的一门新兴学科。计算力学已经投入实际运用的一些例子包括车辆碰撞仿真、石油储层建模、生物力学、玻璃制造和半导体建模。

（2）计算物理学

计算物理学研究如何使用数值方法解决已经存在定量理论的物理问题。在物理学中，大量问题是无法严格求解的。有些问题是因为计算过于复杂，有些问题则根本就没有解析解。因此，在现代物理学中，数值计算方法已变得越来越重要。计算物理学、理论物理学和实验物理学相互依存相互补充，构成物理学的三大板块。

（3）计算化学

计算化学是理论化学的一个分支，主要应用已有的计算机程序和方法对特定的化学问题进行研究，如对原子和分子性质、化学反应途径等问题的研究，目标是利用有效的数学近似以及计算机程序计算分子的性质，解释一些具体的化学问题，也可以利用计算机程序做分子动力学模拟，为合成实验预测起始条件，研究化学反应机理、解释反应现象等。

（4）计算生物学

计算生物学是指开发和应用数据分析及理论的方法、数学建模和计算机仿真技术，用于生物学、行为学和社会群体系统研究的一门学科，在基因与蛋白质的计算机辅助设计、比较基因组分析、生物系统模型、细胞信号传导与基因调控网络研究、专家数据库、生物软件包等领域发挥着重要作用。

（5）计算电子学

计算电子学在半导体器件中通过对载流子输运的物理模拟，获取器件的电学特性。在这种模拟中，一方面提供足够的物理细节，另一方面尽量减少模拟的时间。由于半导体器件为集成电路和信息技术提供基础和依托，利用计算机对半导体器件研究的计算电子学已成为半导体器件研究中的重要组成部分。用计算机进行模拟的计算电子学，不但能够在实验之前给出指导方向，对与现有器件工作原理迥异的新型器件进行预测，还能够获取一些实践中难以测量的物理量和特性。从而缩短预研周期，快速部署实施新技术、新工艺。

（6）计算材料学

计算材料学主要包括两个方面的内容：一方面是计算模拟，即从实验数据出发，通过建立数学模型及数值计算，模拟实际过程；另一方面是材料的计算机设计，即直接通过理论模型和计算，预测或设计材料结构与性能。

（7）计算语言学

计算语言学通过建立形式化的数学模型来分析、处理自然语言，并在计算机上用

序来实现分析和处理的过程，从而达到以机器来模拟人的部分乃至全部语言能力的
的。计算语言学的应用涵盖语音合成、语音识别、信息检索、信息抽取、问答系
、机器防疫等诸多方面。

2. 工程计算

（1）检测和控制

为了有效地实现控制，不论是人工系统还是自动化系统，都需要获取足够的信息
作出判断，以实现控制。在自动化程度较高的系统中，检测和控制通过计算机建立
互的实时联系。计算机检测和控制就是将计算机用于试验、生产，或在类似的过程
进行数据检测和操作控制。它能够提高产品的质量和产量，降低原材料和能源消
，改善劳动条件，提高工效和保证操作安全。特别是仪器仪表引进计算机技术后所
成的智能化仪器仪表，将工业自动化推向了一个更高的水平。计算机检测和控制技
在国防和航空航天领域中起决定性作用，例如，无人驾驶飞机、导弹、人造卫星和
宙飞船等飞行器的控制，都是依靠其实现的。

计算机监控系统是将计算机检测和控制技术局限于只为操作人员提供参考情况而
进行自动控制的系统。计算机监控系统可根据检测的信息进行计算分析，给出预报
预判，甚至可以对决定性的环节提出一个或几个解决方案，但是最终决定性的结果
采取的行动仍然必须由操作人员发出。

（2）辅助系统

计算机辅助系统包括计算机辅助设计、制造、测试（CAD/CAM/CAT）。计算机
助设计是指借助计算机的帮助，人们自动或半自动地完成各类工程或产品的设计工
。其被广泛应用于飞机设计、船舶设计、建筑设计、机械设计、集成电路设计等很
方面。采用计算机辅助设计可以大大缩短设计时间，提高工作效率，节省人力、物
和财力，同时还提高了设计质量。计算机辅助设计在工程领域已得到了相当的重
，不少国家将计算机辅助设计、计算机辅助制造、计算机辅助测试、计算机辅助
工程与计算机管理和加工系统组成了一个计算机集成制造系统（CIMS），使设计、制
造、测试和管理有机地组成为一体，形成高度自动化系统，并由此产生了自动化生产
线和"无人工厂"。

（3）模拟与仿真

仿真是建立系统的模型（数学模型、物理效应模型或数学-物理效应模型），并在
模型上进行实验和研究一个存在的或设计中的系统。这里的系统包括技术系统，如土
木、机械、电子、水力、声学、热学等，也包括非技术系统，如社会、经济、生态、
生物和管理系统等。仿真技术的实质就是进行建模、实验。计算机的出现和计算技术
的迅猛发展，为仿真提供了强有力的手段和工具。随着多媒体技术、计算机动画、传

感技术的发展，计算机模拟外界环境对人的感官刺激开始成为可能。事实证明，人对于图像、声音等感官信息的理解能力远远大于数字和文字等抽象信息的理解能力，将仿真技术与虚拟现实技术相结合，进行仿真模型的建立和实验模拟，实现仿真过程和结果的图像化、可视化，使仿真系统具有三维、实时交互、属性提取等特征，极大地促进了仿真技术的发展，同时也使虚拟现实技术更加具有生命力。计算机的模拟仿真包括仿真模拟和计算机模拟。

所谓仿真模拟，即是外形仿真、操作仿真、视觉感受仿真，使用真实的汽车模型或其他等比例的飞机、飞船等模型作为参与者的操控平台，利用VR技术（虚拟现实技术），通过实际操作，使参与者有身临其境的切身体会。仿真模拟不仅在现实中可直接应用于模拟驾驶、训练、演示、教学、培训；军事模拟、指挥、虚拟战场；建筑视景与城市规划；水土工程、防灾工程、施工过程的模拟中，而且对很多科学研究也起到了推动作用。

计算机模拟是指用来模拟特定系统的抽象模型的计算机程序。对工程领域而言，计算机模拟的发展为其提供持续发展的动力，特别是近十年来计算模拟在工程领域中起了决定性的作用，例如，飞机、汽车等大型工业产品的设计中，计算机模拟发挥着主导作用，因为计算空气动力学为主的数值风洞的应用，飞机的风洞实验成为最后的确认。汽车碰撞实验因为有限元动力学软件的发展而大幅度减少，产品研发周期明显缩短，产品质量更加得到保障。随着超级计算机性能的快速提高，工程计算机中更加复杂的计算模拟，多学科优化设计问题等广泛应用后，计算机模拟所起的作用会更加显著。

3. 其他

（1）信息管理

信息管理又称数据处理，是目前计算机应用最广泛的一个领域，涉及社会各行各业。信息管理是现代化管理的基础，利用计算机加工、管理与操作任何形式的数据资料，对数据进行综合分析，如企业管理、物资管理、报表统计、财务管理、信息情报检索、商业数据交流管理等，显著提高了工作效率和管理水平。国内许多机构建设了自己的管理信息系统（MIS）；生产企业也开始采用制造资源规划软件（MRP）；服务制造一体化企业为提升自身管理和客户服务进一步构建企业资源计划（ERP）；商业流通领域则逐步使用电子信息交换系统（EDI），即所谓无纸贸易。

（2）人工智能

人工智能指利用计算机开发一些具有人类某些智能的应用系统，模拟人的思维判断、推理等智能活动，使计算机具有自适应学习和逻辑推理的功能，如计算机推理、机器学习、专家系统、模式识别、定理证明、博弈、人工神经网络、机器人等，帮助人们学习和完成某些推理工作。

（3）语言翻译

1947年，美国数学家、工程师沃伦·韦弗与英国物理学家、工程师安德鲁·布思提出了以计算机进行翻译（简称"机译"）的设想，机译从此步入历史舞台，并走过了一条曲折而漫长的发展道路。机译分为文字机译和语音机译。但机译的质量长期以来一直是个问题，尤其是译文质量，距离理想目标仍相差甚远。近年的研究显示人类语言是超乎想象的复杂，中国数学家、语言学家周海中教授认为，在人类尚未明了大脑是如何进行语言的模糊识别和逻辑判断的情况下，机译要想达到"信、达、雅"的程度是不可能的。这一观点指明了制约译文质量的瓶颈所在。

计算被广泛应用于社会生产、生活的各个领域。

▶▶▶ 8.1.2　基于"计算"的支持技术

广义来说，计算技术是用于各种计算的技术总称。计算工具的发展促进着计算技术的发展。从最初的结绳计数，到后来出现了数字符号和文字计数，再到算盘、计算尺，直到1946年美国宾夕法尼亚大学制成了第一台数字电子计算机ENIAC，计算工具已经发生了质的改变。目前计算机已经广泛应用在科学研究、军事技术、工农业生产、文化教育、娱乐等各个方面，可以说，人类的工作、学习和生活都已经离不开计算机。正是由于计算机的发展，使得计算技术也得到了空前的发展。

从狭义上讲，计算技术就是用计算机进行各种计算的技术。随着计算机和网络的不断发展，计算机的应用不再是简单的单主机计算模式，而是逐渐趋向于网络化、智能化。分布式计算、并行计算、云计算、物联网、普适计算等新的计算技术是近年比较热门的研究领域。

计算技术包括计算环境和计算模式。计算环境包括计算机及其辅助设备、网络、操作系统、各种应用软件等。计算模式有单主机模式、网络模式等。硬件和软件的发展是计算技术的重要支撑，计算模式的发展使得计算技术在社会发展中有着越来越广泛的应用。

有了良好的硬件支撑和适合的计算模式，计算技术的实现最终归结于软件技术。软件是由一段段程序及相应的文档构成。程序由程序设计语言编写而成，因此计算技术的实现离不开程序设计语言。程序设计语言可分为机器语言、汇编语言、高级语言，机器语言和汇编语言依赖机器本身的指令系统，执行速度快、专业性强、不易掌握；高级语言是独立于计算机种类和结构的语言，接近于自然语言和数学语言，因此通用性强、应用广泛。

▶▶▶8.1.3 基于"计算"的基础级课程资源体系

基于"计算"的基础级课程资源体系见表8-1。

表8-1 基于"计算"的基础级课程资源体系

技术子领域	能 力 要 求		
	知识点	技能点	思维要素
计算模式	个人计算	—	可计算性、计算的复杂性
	并行计算与分布式计算	—	抽象、并行、同步、死锁、协同
	云计算	—	抽象、共享、虚拟机
程序设计	程序与程序设计语言的概念	选择、评价程序设计语言	—
	程序基本结构	按照给定的程序设计任务，使用相应的控制结构，设计、实现程序	抽象、封装、共享、简化、迭代、递归
	数据结构基础	在程序中使用数据结构	抽象
	算法设计	设计简单问题的算法	抽象、规划、评价、设计
	面向对象编程	编写、运行面向对象的程序	自动化
	图形界面编程	编写、运行图形界面的程序	—
	程序的调试与测试	调试、测试程序	—
	程序的编译与解释	生成可执行程序；生成程序安装包	转换
问题求解	程序设计的过程	—	高效、评价
	建立问题的数学模型	—	抽象、设计、评价
	设计数据结构	根据问题求解的要求设计数据结构	抽象、设计
	设计算法	设计简单算法	抽象、设计
	程序设计语言	选择适宜的程序设计语言	评价
	算法实现	实现算法，并进行分析	—
	算法分析		—

续表

技术子领域	能　力　要　求		
	知识点	技能点	思维要素
计算环境	数字技术	比特与二进制； 进制转换； 比特运算； 信息的表示； 编码与解码； 压缩与解压缩	计算的表示，表示的转换、编码、压缩、加密、抽象、封装、冗余、容错、纠错、记忆
	计算机硬件平台	构造计算环境及平台，包括系统、网络平台，配置环境	并行、协调、调度、通信、嵌入、分解、记忆
	计算机软件平台	操作系统的安装与使用（任务管理、存储管理、文件管理、设备管理）； 应用软件的安装、卸载、配置和应用	抽象、自动化、协作、调度、并行、保护、恢复、容错、纠错、学习、规划

8.1.4　基于"计算"可开设的课程

1．程序设计基础

课程内容包括程序语言的基本数据类型、基本输入/输出、基本程序控制结构、函数、常用算法与问题求解，以及程序的基本调试过程等内容。

可根据不同专业的需求选择相应的程序设计语言：C语言、VB语言、JAVA语言等。

2．数据结构与算法分析

课程内容包括线性表、树、图和广义表、算法设计策略以及查找与排序算法等，还可包括计算机算法的设计与分析方法。

3．计算机组成原理

课程内容包括数据表示，运算器的组成及运算方法，内存储器的组成、工作原理、设计方法等，指令和数据的寻址方式，指令格式的设计与分析方法，控制器的功能和组成，寄存器的功能，操作控制器的组成、工作原理和设计方法，总线的基本概念，输/人输出系统，I/O接口和I/O控制方式等。

4．微机原理与接口技术

课程内容包括微机系统概述、典型微处理器、指令系统、汇编语言程序设计、存储器系统、微机总线与输入/输出技术、中断系统、典型接口芯片及其应用等内容。

5. 高性能计算

高性能计算主要是指从体系结构、并行算法和软件开发等方面研究开发高性能计算机的技术。随着计算机技术的飞速发展，高性能计算机的计算速度不断提高，其标准也处在不断变化之中。课程内容包括并行计算、分布式计算、云计算等新的计算技术的概念及原理。

8.2 基于"数据"的基础级课程资源

▶▶▶8.2.1 基于"数据"的应用领域

数据技术已经深入到社会生活中的各行各业，其应用领域包括科学研究、互联网、金融、社会、军事、医疗、商业和政治等。以下是当前部分数据技术的热门应用。

（1）互联网

互联网就是网络与网络所串联形成的庞大网络，是一组全球信息的总汇。它是数据应用的一大领域，在日常生活中，人们总是会向互联网中发送大量的数据，例如，人们在电子商务网站上购买物品时，用户的浏览、购买等行为便会被记录，从而成为宝贵的数据。售卖方可通过查看电子商务网站日志，以及分析电购中心客户服务记录，更好地理解客户的需求，同时也可挖掘出最有价值的顾客、可以提升销售的产品等，从而为商务决策提供支持。这些都属于数据技术在互联网中的应用。另外，数据技术在互联网金融信息检索，互联网安全等方面均有重要应用。

（2）物联网

物联网就是物物相连的互联网。这有两层意思：第一，物联网是在互联网基础上的延伸和扩展的网络，其核心和基础仍然是互联网；第二，其用户端延伸和扩展到了任何物品与物品之间，并进行数据交换和通信。物联网囊括了智能感知、识别技术与普适计算在网络中的融合与应用，因此被称为继计算机、互联网之后世界信息产业发展的第三次浪潮。物联网主要解决物品与物品、人与物品、人与人之间的数据（信息）互联。

（3）移动互联网

移动互联网是指互联网的技术、平台、商业模式和应用与移动通信技术结合并实践的活动总称，通过智能移动终端采用移动无线通信方式获取业务。移动互联网的应用产生并使用大量的数据，例如基于位置的服务（Location Based Services，LBS）要求高的覆盖率，以便对移动终端进行精准定位，这种精确定位需要复杂的计算能力、海的存储能力和丰富的交互能力，由此云计算数据技术也便会涉及其中。另外，非关型数据库技术在移动互联网中也有所应用，NoSQL数据库在海量数据查询中的耗时少，性能较强，在移动互联网进行海量数据处理中具有广阔的应用价值。

（4）医学、科学与工程

医学、科学与工程技术界的数据量正在迅猛地增加，想要获得有价值的新发现是不开这些数据的。例如，分子生物学研究者希望利用当前收集的大量基因组数据更地理解基因的结构和功能，传统的方法只允许科学家在一个实验中每次研究少量的因，微阵列技术的最新突破已经能让科学家在多数情况下比较数以千计的基因特这种比较有助于确定每个基因的作用，或能帮助查出导致特定疾病的基因。

8.2.2 基于"数据"的支持技术

数据是关于自然和社会中客观事物的定量或定性的事实描述，是未经组织的数词语、声音和图像等，是数量、属性、位置及关系的抽象表示。人们从自然现象社会现象中搜集原始数据，将其进行系统组织、整理和分析，并找出其中的联系，成了信息。而知识则是信息、文化以及经验的组合，是人们通过归纳、演绎和溯方法，对信息进行观察或推理得到。

广义而言，数据技术就是获取数据和处理数据的技术。在此过程中，人们主要关是在数据中通过自动或半自动的方式高效获取信息和知识的方法与工具。具体而数据技术涵盖数据从生成到消亡的整个生命周期，即采集、分类、录入、储存、、分析、检验、备份、回收等一系列活动。其子领域主要包括数据获取、数据预理、数据存储、数据分析、数据挖掘、数据可视化和大数据技术等。事实上，我们活和科研中所接触的任何一个领域、任何一个实体、任何一个概念、任何一个活离不开数据。数据是信息和知识的基石，也是一切科研、政治、商业乃至生活中们提供决策的"原材料"。

8.2.3 基于"数据"的基础级课程资源体系

基于"数据"的基础级课程资源体系见表8-2。

表8-2 基于"数据"的基础级课程资源体系

术子领域	能 力 要 求		
	知识点	技能点	思维要素
据采集	传感设备的数据实时采集；互联网数据获取	传感器、RFID、嵌入式；爬虫算法	社会网络共享

续表

技术子领域	能 力 要 求		思维要素
	知识点	技能点	
数据整合	跨平台、跨数据库多数据源的集成； 数据质量； 元数据	ETL（抽取转换清洗加装）； 数据血缘分析	简化； 协调
数据分析	MPP架构分布式数据库； 数据仓库设计与管理（DW）； 数据分析工具	分布式数据库GP的搭建、开发与管理； 分析型系统的维度建模； SAS的使用	模式； 面向对
数据可视化	商业智能与多维分析（BI）； 数据挖掘； 数据可视化工具	OLAP模型； 数据挖掘算法（分类、聚类、机器学习）； Excel、Google Chart API 的使用	分布式 可视化
大数据	大数据基础设施与计算平台； 虚拟化与云计算； 大数据整合与分析； 大数据应用	Hadoop生态系统； 云计算架构、虚拟化服务与管理； MapReduce计算框架、非结构化数据处理与应用； 基于内容的多媒体信息检索	分析； 智能

▶▶▶ 8.2.4　基于"数据"可开设的课程

1. 数据库技术

本课程主要讲授数据库的基本概念、原理、技术及应用。主要内容包括数据统的基本概念、数据模型、关系数据库及其标准语言SQL、数据库安全性和完整概念和方法、关系数据理论、数据库设计和数据库编程，以及数据库恢复技术、控制、关系查询处理和查询优化等事务管理基础知识。

2. 数据科学与大数据分析

本课程主要讲授数据科学的基本概念，数据分析用到的技术，以及相关工具用，如R语言、Hadoop等，同时介绍数据分析的一些方法，如分类、回归分析、聚关联规则等。本课程的讲授最好结合金融、电信、商务智能、生物制药和网络搜应用领域，具体教学中可结合学生专业选取一至两个重点案例或项目进行讲解与实

3. 数据挖掘

本课程主要讲授数据挖掘的基本概念、挖掘方法、所用到的工具，以及一些算法。主要内容包括：Orange、RapidMiner等数据挖掘工具的使用与比较；K-me

EM、Adaboost等算法的理解与应用。通过这些锻炼进而培养学生理解与改进算法的思维能力，以及在不同的应用场景下选择不同的工具与方法进行数据挖掘的思考、判断能力。

8.3　基于"网络"的基础级课程资源

▶▶▶8.3.1　基于"网络"的应用领域

计算机网络技术随着Internet的广泛应用而快速发展，信息的传递和处理突破了时间、地域的限制，方便了人们的信息交流和资源共享，在社会各领域都得到广泛的应用。以下列举部分网络技术的应用，如网络教育、电子商务、电子政务、远程医疗、社交网络以及分布式计算等。

1. 网络教育

网络技术对传统教育观念、方式和方法影响很大，尤其对于课堂教学，改变了传统教学内容的呈现方式。通过先进的多媒体网络向学生展示图、文、声、像相结合的电子课件，利用电子白板、网络教室或视频会议的交互功能，加强教师与学生间的互动，这些方式可优化课堂教学的信息传递结构、学生认知结构、课堂时间结构、师生活动结构等，有利于激发学生的学习兴趣，达到提高学生信息素养的目的。

目前出现的大规模开放式在线课程MOOC（Massively Open Online Course）正深入影响全球的教育。MOOC允许成千上万的学生同时在因特网或移动互联网上在线观看、聆听一流教授或教学名师上课。无论多么偏远、师资多么匮乏的学校，只要有网络，学生均可和发达地区的学生一样共享优质的教育资源，实现自主、个性化学习。MOOC的推广和应用打破教育和学习在时间和空间上的限制，实现远程教育和学习，促进了学生的自由全面发展。

2. 电子商务

网络技术的发展促使越来越多的企业和个人通过Internet进行商务活动。基于Internet的电子商务扩大了企业合作伙伴的选择范围，降低了成本。

电子商务的实质是实现网络技术与传统资源的有效结合，优化企业业务流程，提高传统业务的效率和竞争力。同时在网络环境下，可消除信息的不对称，方便用户购物。但由于计算机网络存在黑客入侵和攻击等安全隐患，建立一个安全、便捷的电子商务应用环境，防止交易信息被窃取、篡改，是电子商务顺利实施的重要前提。

电子商务的安全从整体上可分为计算机网络安全和商务交易安全。计算机网络安全是针对计算机网络本身可能存在的安全问题，所实施的网络安全增强方案。商务安全则在计算机网络安全的基础上，围绕传统商务在Internet上应用时产生的各种安全问题，保障电子商务过程的顺利进行。网络安全技术是实现安全电子商务的重要手段。企业应当采用防火墙、入侵检测、网络安全扫描、数据加密、PKI、身份认证、数字签名、VPN等技术保障网络交易活动有序地进行。

3. 电子政务

电子政务是指政府机构在其管理和服务职能中运用现代网络技术，实现政府组织结构和工作流程的优化重组，打破传统行政机关的时间、空间和部门分隔的制约，向全社会提供高效、优质、便捷、规范、透明和全方位的管理与服务。

电子政务网络由政务内网和政务外网组成。政务内网主要运行各级政府内部办公业务，电子公文系统可加强政府内部信息的交流，促进协同办公；政务外网主要处理企业、公众服务业和政府部门之间的业务。内网和外网之间采取物理隔离，外网和互联网之间采用防火墙、代理服务器或安全网关实现逻辑隔离。政府可在互联网上建立门户网站、微博等进行信息发布、诉求受理、收集信息等，还可通过视频会议等加强沟通交流、应急处理等；公众则可通过网络参与和监督政府政策的制定和执行。以云计算为基础的电子政务平台方便公共服务的使用，同时将物联网用于电子政务能够让行政部门直接快捷地掌握大量第一手材料信息，有利于提高政府的决策水平。

电子政务不仅能够大大推动政府职能转变，提高政府的行政效率，增加政府工作的透明度，改善政府与公民的交流方式，还可规范政府行为。

4. 远程医疗

对于医院来说，采用网络技术可以建立高效、便捷、可靠的信息管理系统，提高医院的管理效能，提升医院决策的科学性和合理性，提高对病患的服务质量。而远程医疗通过网络和多媒体技术来传输医学信息以进行诊断、治疗，方便异地患者就医。广义的远程医疗包括远程诊断、远程会诊及护理、远程医学教育、远程医疗信息服务等所有医学活动。

在远程医疗技术中，远程医疗诊断系统主要配置各种数字化医疗仪器和相应的通信接口，并且主要在医院内部的局域网上运行。远程医疗教育系统与医疗会诊系统相似，主要采用视频会议方式在宽带网上运行。目前，远程医疗正逐步走进社区和家庭，更多地面向个人，提供定向、个性化服务。随着物联网技术的发展与智能手机的普及，远程医疗也开始与云计算、云服务相结合，为普通用户提供更方便和贴心的日常医疗预防和监控服务。

5. 社交网络

社交网络（Social Network Site，SNS）是Web 2.0的典型应用之一，它为用户提供信息交流和分享的网络社会平台。社交网络通过基于关系的网络信息传播方式，为人们建立社会化网络。在社交网络中，任何用户都能产生、发布信息，这些信息以非线性方式流入网络之中，每个用户既是信息的传播者，又是信息的接收者，充分体现了用户参与和交互的特点。

社交网络涵盖以人类社交为核心的所有网络服务形式，使得互联网从研究部门、学校、政府、商业应用平台扩展成一个人类社会交流的工具。现在网络社交更是把范围拓展到移动手机平台，借助手机的普遍性和无线网络的应用，利用各种交友、即时通信等软件，使手机成为新的社交网络载体。未来随着云计算技术日益普及和成熟，云社交将成为交流更方便、范围更加广泛的交流方式。

6. 分布式计算

分布式计算是通过计算机网络将许多计算机相互连接和通信后形成的系统。它把一个需要非常巨大的计算能力才能解决的问题分解成许多小的部分，然后由多台计算机分别计算，最后把这些计算结果综合起来进行统一合并，得出数据结论。常见的分布式计算项目一般使用世界各地成千上万志愿者计算机的闲置计算能力，即将这成千上万的计算机通过网络连接起来，组成一台虚拟的超级计算机，利用它们的空闲时间和存储空间来完成单台计算机无法完成的超大规模计算事务的求解。通过互联网进行数据传输，完成某个项目的计算任务。

分布式计算技术本身虽然属于一门计算机科学，但可以应用于多种非计算机学科的研究与应用，如自然科学、生命科学、数学等学科。例如，"Climateprediction.net"项目模拟百年来全球气象变化，并计算未来地球气象；"Find-a-Drug"项目用来寻找一些危害人类健康的重大疾病药物，如痢疾、艾滋病、癌症、呼吸道系统疾病等。分布式计算的核心思想之一是共享稀有资源和平衡负载，网络技术为此提供了必要的技术支持。

▶▶▶ 8.3.2 基于"网络"的支持技术

计算机网络技术是计算机技术和通信技术紧密结合的产物。它在20世纪60年代起源于美国，原本用于军事通信，后逐渐进入民用，经过50年不断的发展和完善，现已广泛应用于各部门、领域，如政府、企业、金融、商业、医疗、教育、信息服务、休闲娱乐等。

计算机技术和通信技术是网络技术的重要支撑平台。正是由于现代计算机的高速计算、处理和存储能力，以及光电通信、无线通信等高速、移动、灵活的通信技术的发展，有力地推动了计算机网络技术的发展。计算机网络技术把若干台地理位置不同且具有独立功能的计算机通过各种通信设备和链路相互连接起来，在网络协议支持下实现信息传输和资源共享。

计算机网络技术采用分层处理的方式来实现不同计算机之间的通信。整个网络按照功能分成一系列层次，每层完成特定的功能，下层向上层提供服务。不同系统的相同层通过网络协议实现通信。网络协议规定了通信双方进行数据交换所必须遵守的规则、标准或约定。典型的网络体系结构有OSI参考模型和TCP/IP分层模型，其中TCP/IP协议是Internet采用的协议。

计算机网络技术发展至今，两项非常重要的技术是以以太网为代表的局域网技术和以TCP/IP技术为代表的网络互联技术，其中Internet已成为计算机网络最重要的应用和信息社会最重要的基础设施，其具体应用可分为信息获取、交流沟通、网络娱乐和商务交易四大类。同时，宽带、多媒体、无线移动通信等技术的发展，促进高速网络、多媒体网络、无线局域网和无线传感器网络的发展；网络病毒和黑客的攻击，推动了网络安全技术的发展；以博客、播客等为代表的具有自组织、个性化特性的Web 2.0新技术、新应用使普通用户成为互联网内容的提供者，促使互联网向更深层次的应用领域扩张；人工智能技术、智能计算机与计算机网络技术的融合，将形成具有更多思维能力的智能计算机网络。

▶▶▶ 8.3.3　基于"网络"的基础级课程资源体系

基于"网络"的基础级课程资源体系见表8-3。

表8-3　基于"网络"的基础级课程资源体系

技术子领域	能　力　要　求		
	知识点	技能点	思维要素
局域网	局域网定义及拓扑结构	—	—
	局域网参考模型与协议	数据链路层协议分析	分解、封装、协议
	传统以太网	利用集线器组建以太网	协调
	高速以太网	利用集线器、交换机组建高速以太网	协调、交换
	交换式局域网	利用交换机组建局域网	按址访问
广域网	广域网定义及组成	—	—
	广域网原理及分类	—	交换
	帧中继网	—	简化
	ATM网	—	封装

续表

技术子领域	能 力 要 求		
	知识点	技能点	思维要素
互联网	网络互连设备	了解常见网络互连设备	分层
	TCP/IP体系结构	因特网的接入	分解、协议
	IP层协议	IP数据包格式分析、掌握IP地址的配置、ARP以及ping等网络命令	封装、按址访问；记忆
	网络地址转换和IPv6协议	—	记忆；简化
	TCP协议和UDP协议	协议分析、字段分析	校验与纠错、流量控制、简化
	应用层协议	—	抽象、设计
无线网	无线网络定义和类型	了解常用无线网络设备	—
	无线局域网WLAN及Wi-Fi	无线局域网接入	协调、可靠性
网络操作系统与网络管理	网络操作系统的概念、功能	—	抽象、调度
	常用的网络操作系统	网络常用命令	—
	网络管理简介	—	评价
	简单网络故障排除	使用操作系统命令进行网络故障定位	分解、评价
网络安全	网络安全基本概念、术语	—	安全性
	数据加密技术	数据加密算法的应用	转化
	数字签名与数字证书	数字证书的应用	
	Web安全与SSL	Web站点安全设置、SSL协议分析	分层
	主机安全技术	操作系统的强化（网络安全配置）	—
	防火墙	防火墙规则设置	转化、设计
	恶意软件与病毒	简单病毒的手工清除方法	分解

技术子领域	能力要求		
	知识点	技能点	思维要素
网页编程	网页编程概述	—	—
	Web三层结构	—	分层
	HTML语言与CSS	HTML页面制作、CSS应用	关注点分离
	动态网页开发语言	某种脚本语言, 如JSP、ASP、PHP	抽象

▶▶▶8.3.4 基于"网络"可开设的课程

1. 计算机网络技术

本课程主要介绍计算机网络的基础知识和基本原理,并反映当前计算机网络技术发展的新技术和新成果,突出内容的先进性和实用性。

课程内容包括计算机网络定义与功能、计算机网络的分类和拓扑结构、数据通信基础、网络体系结构和协议、OSI参考模型、以太网、交换式局域网、无线局域网、网络互连设备、广域网、因特网、TCP/IP协议、网络操作系统、常用应用层协议和服务器架设、网络安全技术、网页编程技术等。

2. 网络安全技术

本课程结合当前网络安全技术的发展,概括介绍网络安全知识和相关理论技术,并遵循理论与实践相结合的原则,提供大量网络安全应用实例,有助于学生掌握网络系统的安全设计与管理。

课程内容包括计算机网络安全概述、网络协议基础、黑客攻击技术、操作系统安全配置、防火墙技术、入侵检测和入侵防御技术、计算机病毒及防治技术、加密技术、数字签名技术、PKI技术及应用、身份认证技术、VPN技术应用、Web安全和电子商务、系统安全风险评估知识、计算机网络攻击应急响应和网络安全方案设计等。

3. 网页设计

本课程主要介绍网页制作的基础知识,让学生掌握网页设计的实际应用方法及技巧,培养学生的设计能力。

课程内容包括Web基本架构、网站建设流程、HTML语言、CSS样式、页面设计方法、动态网页技术等。通过课程内容的学习,让学生了解主流网页设计技术和发展趋势、具备设计网页的能力、理解网站的基本原理;通过案例与项目培养学生初步编程能力。

8.4 基于"多媒体"的基础级课程资源

▶▶▶ 8.4.1 基于"多媒体"的应用领域

多媒体技术应用广泛地采用了文本、声音、图像、视频、感知等各种信息形式，强化了人们与计算机之间的交互行为，使得人们更加方便快捷地获取知识、传播知识，更加充分地实现信息资源共享与分发。多媒体技术主要应用于广告、艺术创作、教育、娱乐、现代工业、医疗、商业以及科学计算等各种领域。多媒体技术的开发和应用极大地改善了人类社会工作和生活的方方面面，新技术所带来的新感觉、新体验是以往任何时候都无法想象的。

1. 工业制造领域

多媒体技术可用于产品建模。虚拟原型技术可以对产品的几何、功能、可制造性、可维护性等方面进行建模，并为用户提供交互分析与设计环境，波音、通用、克莱斯勒等公司等都在产品开发中广泛应用三维建模技术，进行产品的设计与制作工艺的模拟。

引入数字虚拟仿真技术，可以对产品结构形态进行仿真，包括颜色、材质的仿真，机械动作的仿真，宜人设计的仿真，制作工艺的仿真等，并在设计的各个阶段利用数字虚拟模型方便快速地进行各种调查和试验，可以取得更具科学性和客观性的结果。与传统工业设计相比，数字虚拟仿真技术在设计方法、设计过程、设计质量和效率等各方面都有了质的飞跃。

2. 教育培训领域

应用多媒体技术可以多种手段地展示教学内容。将教学的主要内容、材料、数据、示例等内容以仿真、模拟等方式展现出来，以辅助教师的讲解，达到知识的高质量传播。

多媒体采用新的图文并茂、丰富多彩的人机交互方式，而且可以立即得到反馈。它能够有效地激发学生的学习兴趣，使学生产生强烈的学习欲望，提高学生的学习积极性。

采用多媒体技术进行教学，可充分调动学生的耳、口、眼、手等多种感官来投入学习。多媒体系统的交互作用，能形成一个全方位的信息场，学生在人机交互过程中感受到一种真实感、亲切感，能够充分发挥学生主体作用。在这种条件下获取和处理信息效率明显提高，加快了学习进程，提高了学习效率。

3. 艺术创作领域

多媒体技术各种特性有利于充分展现艺术的魅力，艺术作品不仅可以通过计算机得以大量复制和传播，还可以通过计算机辅助手段，让艺术逐渐大众化，走进人们的生活。音乐、美术、电影、图像被数字化加工制作和传播，同时多媒体技术也提供了更加丰富、方便的创作手段。

多媒体技术应用能帮助创作者真正实现科技美与艺术美的融合。通过多媒体技术收集、整理、保存、加工、编辑、展示、研究各类艺术信息，数字技术介入了艺术的创作过程，成为艺术的一部分。人们可以利用数字技术参与艺术创作的整个过程。多媒体技术为艺术家的创作提供了大量丰富的创作资源，直接影响和丰富了艺术的表现形态，使艺术的创作空间不断深化。科学技术的快速发展拓展了艺术创作者的认知视野。多媒体技术作用主要表现在新工具、新材料应用于艺术创作中，丰富了艺术形态语言。例如：通过计算机软件技术处理，实现很多照相机无法拍出来的视觉效果，叠加多种创作元素，赋予照片全新的生命力。不受时间和空间限制，艺术家创作的是虚拟的人工环境，使人们在真实与虚幻中穿梭。虚拟艺术集声音、图像、视频、动画等各种信息媒体于一体，已经成为网络空间的一种生活和娱乐方式，日渐融入人们的生活。

4. 医疗卫生领域

采用数字图像、虚拟技术可以让人们"观察"到人体组织切片，了解病体组织的内部结构，采用仿真技术可以培训医生，模拟整个手术的执行过程。大量的多媒体技术应用使得现代医疗技术可以扩展到基因技术、分子技术，从而更加深入地了解病理机制。

多媒体技术运用计算机图形、图像处理与模式识别、智能技术、传感技术、语言处理与音响技术、网络技术等多门技术，借助必要的设备自然地与虚拟环境中的对象进行交互作用、相互影响，产生身临其境的感觉和体验，在医学领域，虚拟解剖学、虚拟实验室和虚拟手术等作为有效的训练工具正在发展、使用。

5. 商业营销领域

采用多媒体技术，人们可以足不出户了解各种商品的文字、图片、视频影像资料，了解商品的价格、产地以及特性，大大拓展商品销售的种类和传播渠道。

多媒体时代的到来，由于受众可供选择的媒体剧增，任何可以承载传播信息的工具都可以作为广告媒体应用，媒体数量不仅越来越多，每个媒体的覆盖面越来越小；而每个受众接触的媒体数量却越来越多，其选择的自由度越来越大。

多媒体时代的最佳创意将是"艺术派"与"科学派"的完美结合，即以信息传播的科学为基础，以艺术手法作为信息的载体相辅相成、浑然一体。

6. 科学计算可视化

科学计算可视化的目的是理解自然的本质。要达到这个目的，科学家把科学数据，包括测量获得的数值或是计算中涉及、产生的数字信息变为直观的、以图形图像形式表示的、随时间和空间变化的物理现象或物理量呈现在研究者面前，使他们能够观察、模拟和计算。可视化技术使每日每时都在产生的庞大数据得到有效利用；实现人与人、人与机器之间的图像通信，增强了人们观察事物规律的能力；使科学家在得到计算结果的同时，知道在计算过程中发生了什么现象，并可改变参数，观察其影响，对计算过程实现引导和控制。

7. 影视娱乐表演

影视图像可以使用电影摄影机或电视摄像机进行实景拍摄，辅以计算机为创作手段。通过计算机图像处理系统，既可以对质量较差的原始图像进行美化修复，提高其质量，也可以根据需要，对原始图像进行各种特技和特效处理。

计算机运用图像处理技术可以表达常规情况下用正常手段及技术无法实现的场景。特效能运用的特殊表现手法有很多，例如，通过三维虚拟技术，构建特定的场景，或者特效动画软件来表现人物，达到预定的电影表现效果。也可以实现模拟火山爆发、汽车碰撞、星球大战、云雾雨雪等自然现象，以及人物的变形、自然界肉眼所观测不到的生物等。

随着现代数字技术的快速发展，传统的表演要素、表演方式、表演规律等发生剧变，多种表演艺术门类和多种工程技术要求实现完美融合，催生了数字表演这一新的应用领域。

8. 旅游与文化遗产保护

运用虚拟现实技术，结合GIS（地理信息系统）、三维可视化和网络等技术，进行三维实景展示，将现实中的旅游场景制作成用于互联网、多媒体、触摸屏等多种载体进行展示的电子文件，让游客按固定路线或自选路线从不同角度观赏，获得身临其境般的体验。虚拟旅游具有临场性、自主性、超越时空、多感知性、交互性、经济性、安全性等特征和优势，越来越受到人们的关注和欢迎。

文化遗产数字化也是当代文化遗产保护的有效手段，不仅为旅游业的发展开创了新的模式，也为考古研究创造了便利的条件。在以往的旅游体验中，受时间和地点的限制，往往很难完整看到当地的文化遗产，利用虚拟现实技术不仅能弥补这一不足，还可以进行现场的虚拟交互，甚至能带领游客穿越时空，看到几千年前的历史原貌，极大地丰富了人们的交互体验。利用数字化虚拟现实技术，还可以对旅游资源进行模拟规划开发，也可以作为网络及电视媒体的宣传资料，更直观、有效，也更能激发人们的兴趣。数字化虚拟现实技术的发展为文化遗产的保护提供最为有力的技术支持，也为旅游业的长足发展提供了不竭的动力。

➤➤➤ 8.4.2　基于"多媒体"的支持技术

多媒体技术是指采用计算机对文字、图形、图像、动画、声音等多种形式信息进行综合处理的技术，使用户可以通过视、听、说等多种感官与计算机进行信息交互的技术，又称计算机多媒体技术。

在1993年，Tay Vaughan出版了第一本多媒体技术专著"Multimedia: Making It Work"。他在书中指出："多媒体技术是运用计算机技术将文本、图形、声音图像、动画和视频相结合的数据表达方法。"

多媒体技术的发展极大地改变了计算机与人的交互方法，扩大了计算机处理的数据对象范围，开创了新的计算机应用领域。

现代多媒体技术综合了人机交互技术、计算机系统技术、通信技术等三大信息处理技术，使得计算机迅速变成了信息社会的普通工具，广泛应用于工业生产、学校教育、公共信息咨询、商业广告、军事指挥与训练，以及家庭生活与娱乐等领域。

多媒体技术涉及的内容相当广泛，主要包括：

① 文字处理技术：文字字体设计、文字与语音转换技术；

② 音频技术：音频采样、压缩、合成及处理，音频检索等；

③ 视频技术：视频数字化及处理；

④ 图像技术：图像处理，图像、图形动态生成；

⑤ 图像压缩技术：图像压缩、动态视频压缩；

⑥ 通信技术：文字、语音、视频、图像的传输。

多媒体技术广泛运用于图像处理、三维动画技术、网页设计制作、多媒体工具设计与创作、影视制作、商业广告、游戏娱乐等领域，除了需要掌握上述多媒体技术之外，还需要具有美术基础、美学鉴赏能力。

随着现代电子技术、网络技术、显示材料技术、传感器技术等新技术的迅猛发展，多媒体技术在云计算、人机交互、虚拟现实、游戏娱乐、远程医疗、在线教育、电视会议、协同工作等方面具有非常广阔的应用前景。

➤➤➤ 8.4.3　基于"多媒体"的基础级课程资源体系

基于"多媒体"的基础级课程资源体系见表8-4。

表8-4　基于"多媒体"的基础级课程资源体系

技术子领域	能　力　要　求		
	知识点	技能点	思维要素
文字处理技术	文字造型艺术； 字体编码与存储； 文本识别技术； 手写体识别技术	字体造型设计； 文字识别方法	通信：信息量、编码与解码； 计算：表示的转换
图形图像处理技术	图形图像编码； 色彩编码； 颜色模型； 图像格式压缩； 图像处理技术； 图像融合技术	图像处理； 平面设计； 网页设计； Logo设计； 书签设计	通信：信息的表示； 设计：层次聚集、重用
音频处理技术	量化编码； 压缩； 语音合成； 语音识别	音频文件格式转换； 音频处理； 语音识别； 影视配音； 软件谱曲	通信：编码、压缩、校验与纠错； 协作：同步，并发； 计算：状态和状态转换； 设计：层次聚集
动画与影视特效视频处理技术	视觉暂留； 似动现象； 视频编码； 视频压缩； 音效合成； 视频特效； 视频识别	视频编码转换； 视频压缩； 字幕设计； 视频剪辑； 视频制作	自动化：算法、推理； 通信：编码、压缩、校验与纠错； 设计：模块化、重用； 评估：模拟方法
虚拟现实技术	三维建模技术； 立体显示技术； 真实感绘制； 沉浸感； 虚拟仿真技术； 体感交互； 增强虚拟现实	三维模型建模； 三维场景建模	抽象：抽象层次、抽象结构； 设计：模块化、重用，折中与结论； 记忆：存储体系； 评估：负载、反应时间
工业设计基础技术	造型设计； 计算机辅助设计； 结构设计； 三维人体模型	计算机辅助设计	设计：抽象层次，抽象结构； 评估：可视化建模与仿真、模型方法、模拟方法
流媒体技术	数据通信； 压缩编码； 加密解密； 视频点播； 数字广播	数字广播； 视频点播	通信：信息压缩、信息加密、校验与纠错； 记忆：局部性与缓存； 协作：同步、并发、流和共享依赖，协同策略与机制

续表

技术子领域	能　力　要　求		
	知识点	技能点	思维要素
人机交互技术	语音识别； 动作捕捉； 3D打印； 视觉跟踪； 多通道交互技术； 立体视觉	—	设计：一致性和完备性； 协作：并发、同步； 记忆：对象与存储的动态绑定； 评估：模拟方法、反应时间
多媒体检索技术	音频检索； 图像检索； 视频检索	音频检索； 图像检索； 视频检索	抽象：抽象层次； 记忆：存储体系； 评估：反应时间

▶▶▶ 8.4.4　基于"多媒体"可开设的课程

1. 数字图像处理

数字图像处理是模式识别、计算机视觉、图像通信、多媒体技术等学科的基础，是一门涉及多领域的交叉学科。通过对本课程的学习，较深入地理解数字图像处理的基本概念、基础理论以及解决问题的基本思想方法，掌握基本的处理技术，了解与各个处理技术相关的应用领域。

课程主要内容：图像变换，如傅里叶变换、沃尔什变换、离散余弦变换等间接处理技术，新兴研究的小波变换在时域和频域中都具有良好的局部化特性，它在图像处理中也有着广泛而有效的应用。图像编码压缩，图像增强和复原，一般应根据降质过程建立"降质模型"，再采用某种滤波方法，恢复或重建原来的图像。图像分割，将图像中有意义的特征部分提取出来，其有意义的特征有图像中的边缘、区域等，进一步进行图像识别、分析和理解。图像描述，包括二维形状描述的边界描述和区域描述等方法。图像分类（识别），进行图像分割和特征提取，从而进行判决分类。

2. 计算机图形学基础

本课程介绍计算机图形学的基本概念、理论、方法和系统，重视基本方法和经典理论的学习，确保学生能对计算机图形学这门学科有一个全面的了解。在讲解图形学的核心内容的同时，也要注意培养学生的实际动手能力。

本课程的重点是计算机图形学中几何造型技术和真实感绘制模型，具体包括几何造型技术，在计算机中如何表示物体模型形状的技术；真实感图形学，在计算机中生成三维场景的真实感图形图像，包括各类自然现象。

3. 游戏制作基础

本课程主要介绍游戏设计过程中涉及的基本理论、游戏定位、产业链分析、游戏团队、制作、故事设计、设计准则以及测试发行等全生命周期的相关知识。

课程主要内容：游戏产业概述、游戏分类、游戏产业链分析、开发团队的组成、游戏的市场定位分析。游戏开发流程，具体包括概念开发阶段、试生产阶段、生产阶段、测试阶段、发布阶段、维护阶段等相关流程。游戏项目管理，游戏开发技术，具体包括常用工具、软件开发过程，文档管理。游戏内容设计，具体包括叙事设计、角色设计、美术设计、交互设计、关卡设计的相关设计准则和方法，以及人工智能设计等相关知识。

4. 虚拟现实技术基础

本课程主要介绍虚拟现实的基本概念、主要硬件、软件及虚拟环境的设计与开发技术，使学生通过本课程的学习对虚拟现实技术有一个基础性的认识，为进一步学习虚拟现实中其他技术打下良好的基础。

课程主要内容：虚拟现实技术概论、虚拟现实系统的硬件组成、虚拟现实技术的相关软件、场景漫游系统、VRML虚拟现实建模语言，以及其他的相关技术，包括虚拟现实的几何建模、运动建模、物理建模、行为建模及真实感绘制、图形渲染。

5. 计算机动画制作技术

本课程主要介绍采用计算机进行动画制作的基本方法和动画制作流程，以及相关的艺术设计、人物角色、叙事设计等相关知识，为进一步学习专业性的动画制作技术打下良好的基础。

课程主要内容：动画制作的硬件设备、故事板、人物造型设计、背景设计，动画制作，后期制作、剪辑、视觉特效，后期配音等。

6. 数字影视制作技术

本课程主要从技术和艺术的角度介绍数字化影视制作中所涉及的工作及技术问题。例如：数字化影视制作的基本概念，数字摄像机、数字录像机的使用方法和使用技巧，计算机动画、数字图像处理技术、数字视频、非线性编辑中节目的输入与输出、视频编辑、特技效果、字幕、虚拟演播室等。

课程主要内容：摄影基础和DV应用、影视作品分析、短片写作、制作流程，视听语言、电影史、数字电影基础、创作讲座、高级剪辑技术课程、影视制作工艺、导演构思与创作、剪辑技巧等。

具体软件技能课程包括Maya高级课程、Shake影视合成、After Effects视频特效。

大学计算机基础教育
课程设计

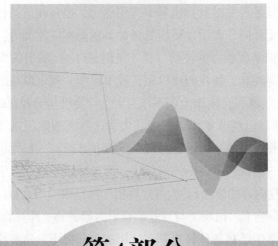

第4部分

第9章　大学计算机基础教育课程体系改革与创新

　　长期以来，大学计算机基础教育课程体系的构建一直遵循1+N模式，即以"大学计算机基础"或"大学计算机文化"作为必修课，称为大学计算机基础教育的第一门课程。在此基础上，从N门课程中再选择1～2门，构建形成大学计算机基础教育课程体系。本轮改革教育部教指委提出的"以计算思维为切入点的新一轮大学计算机基础教育教学改革"，仍然没有改变课程体系构建的1+N模式，只是将作为第一门课程的"大学计算机基础"改名为"大学计算机"。传统以计算机文化为主要内容的第一门课程，旨在使学生掌握计算机基本操作能力或称"狭义工具"能力。关于"非IT类工作岗位对计算机知识与应用能力需求"的调研报告（见第2章及附录B）说明："狭义工具"能力是各行各业都需要且最重要的计算机基本应用能力，也是在信息社会中人们须必备的数字化生存能力，毫无疑问，大学生更应具备计算机基本应用能力。而对大学新生计算机基本技能与基础知识掌握状态的调研分析（见附录C）反映出的大学新生计算机基本应用能力掌握的不均衡现状，使我们难以用行政手段统一规定以往的"大学计算机基础"或"大学计算机文化"课程必须作为或不作为大学计算机基础教育的第一门课。而更名后的"大学计算机"课程已经改革了以往的"大学计算机基础"或"大学计算机文化"课程内容，出现了多种版本的"大学计算机"课程及其教材，是否选择其中一种作为大学计算机基础教育第一门课，存在不同的看法。而选择以往的"大学计算机基础"或"大学计算机文化"课程内容的学校，"大学计算机"已是第二门课程。同时在大学计算机基础教育课程改革的影响下，出现了与专业结合更为紧密的"计算农业""计算医学""计算工程"等课程，在学生已具备计算机基本应用能力前提下，这些课程是否可以作为大学计算机基础教育第一门课程等问题已被提出和讨论。对这些问题的思考实质上涉及了大学计算机基础教育课程体系构建的改革创新问题，因此，本章将在探讨了大学计算机基础教育课程改革基础上，进一步讨论课程体系改革创新问题。

9.1　大学计算机基础教育课程体系改革的指导思想

　　1. 遵循"面向应用、需求导向、能力主导、分类指导"的大学计算机基础教育基本规律

　　"面向应用、需求导向、能力主导、分类指导"是大学计算机基础教育实践中已取得的基本经验，也是基本规律，它不仅指导大学计算机基础教育课程建设，同样也指

导课程体系设计。也就是说课程体系也要遵循"面向应用、需求导向、能力主导、分类指导"的基本规律进行设计。

2. 体现大学计算机基础教育教学改革的四个目标

大学计算机基础教育教学改革的四个目标，即"设计多样化课程体系，实施灵活性教学""更新课程内容，适应计算机技术发展""重视计算思维能力培养""提升运用计算机技术解决问题的能力"，在课程体系设计中也应体现。

3. 以大学计算机基础教育课程改革为基础

大学计算机基础教育课程改革是其课程体系改革的基础，也就是说现在讨论的课程体系改革是建立在每一门相关课程改革基础上的。

4. 制定和提出构建大学计算机基础教育课程体系的指导性意见或建议

大学计算机基础教育的各级各类专家组织，如各级教学指导委员会、各类学术组织等，可视大学计算机基础教育的发展状况，制定和提出大学计算机基础教育课程体系框架，并分阶段给出课程和课程体系改革的指导性意见或建议，有关学校可学习参考这些意见或建议，设计开发本校大学计算机基础教育课程和课程体系。

5. 由学校自主构建大学计算机基础教育课程体系

由学校自主构建大学计算机基础教育课程体系是对大学计算机基础教育课程体系改革的创新。学校依据教育主管部门对大学计算机基础教育的要求、有关专业学术组织对该课程体系构建的指导性意见或建议、各种类型的教育、各类专业的需求、学生实际情况等，按学校的总体要求，选择构建相应的课程体系，经批准后实施。

6. 引进现代教育技术

现代教育技术对教育的支持越来越重要，已成为提高教学质量的关键要素之一。现代教育技术在课程与教学中的应用可包括教学资源库建设、课程和教学的数字化平台开发以及翻转课堂、微课程、MOOC的应用等。现代教育技术在教学中的应用不仅限于技术层面，而且涉及教学的各个方面，因此，在大学计算机基础教育中引进现代教育技术，要从整体层面考虑，进行顶层设计。

7. 逐步借鉴国际大学计算机基础教育经验

在出国考察借鉴其他国家大学计算机基础教育经验时，我们往往发现国外没有大学计算机基础教育这一提法，也就是说大学计算机基础教育是中国特色，而且这一特色对中国高等教育普及和推广计算机技术起到关键性作用。但调查也显示，尽管国外大学没有大学计算机基础教育的提法，也没有明确的教学环节和教学组织机构，却都存在大学计算机基础教育的内容，其方式是在学校指导下学生选学相关计算机课程，学校要求必须修满必要的学分，通过这一方式达到对各专业学生计算机技术的普及应用。这种做法，在推动我国新的大学计算机基础教育教学改革中值得借鉴。

9.2　大学计算机基础教育课程体系构建的原则

学校在自主构建大学计算机基础教育课程体系时应遵循一定的构建原则，又称课程体系构建的操作性原则，包括以下方面：

1. 提高对大学计算机基础教育及其改革的认识

首先，学校应提高对大学计算机基础教育及其改革的认识，明确在非计算机专业中大学计算机基础教育的重要作用和定位，传承大学计算机基础教育的历史经验，推动大学计算机基础教育教学改革。

其次，学校应将大学计算机基础教育课程体系构建的主导权更多地交给用户，即非计算机专业的教师和学生，但前提是必须明确非计算机专业中大学计算机基础教育的重要作用和定位，同时明确构建课程体系要坚持已取得的经验，并在此基础上进行课程体系构建的改革。

2. 确定大学计算机基础教育课程的必修学时、学分与选修学分

明确大学计算机基础教育的重要作用和定位，要落实到具体的学时、学分要求和教学环境保障等。学校应明确规定大学计算机基础教育课程的必修学时、学分与选修学分，落实教学组织机构，搭建好教学环境。

3. 评估大学新生计算机基本操作能力

肯定作为"狭义工具"的计算机基本操作能力在学生职业生涯和社会生活中的重要意义，肯定计算机应用能力中基本操作能力的作用，正视大学新生掌握计算机基本应用能力"不均衡"的现实情况，评估各校新生计算机基本操作能力，依据《能力标准》，灵活开设达标性课程。

大学计算机基础教育中有"狭义工具论"之说，实质上有贬低计算机基本操作能力之意，而上文提到的"狭义工具"不是"狭义工具论"，而是针对计算机"广义工具"而言的，就是说无论是计算机硬件、软件，还是系统、平台，亦或是计算的思维、行动，对非计算机专业学生而言，都是起着"工具"的作用，使用计算机的目的在于解决非计算机专业学科领域的问题。在广义、狭义之中，"狭义工具"是最重要的计算机基本操作能力，无论是科学家、工程师、教师、学生、干部、群众都必须具备使用计算机"狭义工具"的能力，所以这一讨论不在于说明计算机"狭义工具"是否重要，而在于对大学新生掌握"狭义工具"的计算机基本操作能力水平的评估。调查显示的大学新生掌握计算机基本应用能力"不均衡"的现实状态，决定作为以往的大学计算机基础教育第一门课程的"大学计算机基础"，必须依据《能力标准》和学生实际情况，灵活开设。

4. 发布大学计算机基础教育课程目录（菜单）

学校可依据课程设计层次框架，对校内开设的大学计算机基础教育课程提出要

求。可以由学校相应大学计算机基础教育教学机构提出课程大纲、选用教材和其他已具备的相应教学资源和环境等信息，也可由学校其他教学单位（如专业）提出拟开设的大学计算机基础教育课程信息，形成校内大学计算机基础教育课程目录(菜单)，这一目录（菜单）是经过学校审批可能开出的课程。这些课程应体现课程改革的特征，并符合学校的实际情况。课程开设者以校内大学计算机基础教育教学机构的教师为主，也可包括非计算机专业的教师，还可以是学校可接受的MOOC形式。

　　5. 构建大学计算机基础教育课程体系

　　学校自主构建大学计算机基础教育课程体系，应由学校对相关课程教学提出具体要求，依据或参照各级教学指导委员会、各类学术组织等提出的大学计算机基础教育课程体系框架、课程和课程体系改革建设的指导性意见或建议，在学校计算机专家、教师指导下，以非计算机专业对开设大学计算机基础教育课程的意见为主，构建本校计算机基础教育课程体系，并提出实施方案，学校批准后实施。

9.3　大学计算机基础教育课程体系框架

　　在继承大学计算机基础教育经验，融入新一轮大学计算机基础教育改革要素基础上，依据大学计算机应用能力结构体系和基本功能，可以构建其课程体系框架，使相关课程寓于该框架之中。大学计算机基础教育的课程体系框架不是课程体系，而是学校自主构建大学计算机基础教育课程体系的基础和依据。

　　大学计算机基础教育课程体系框架（见图9-1）包括两个层面：第一层面为学科专业课程领域层面，其中的专业领域指非计算机专业应接受的计算机教育内容，该层面主要面向专业领域；第二层面为融入思维与行动能力提升的层面，该层面面向普适的能力。第一层面再分为三个层次，分别为基础层、技术层和综合应用层。其中基础层包括第零层次和第一层次。第零层次为大学生计算机基本应用能力层，以《能力标准》为基础设计的"大学计算机基础"课程，目的在于使大学新生在计算机基础知识和基本操作掌握方面达标；第一层次是分类指导的"大学计算机"课程，相当于原来的"大学计算机基础"课程。第二层次包括四大类与非计算机专业应用密切相关的计算机技术领域，分别为计算技术、数据技术、网络技术和设计技术，每个技术领域中都可设计若干门相关技术及其应用的课程。第三层次为计算机技术综合应用，可开设面向不同学科专业门类的综合技术应用课程，这些课程应定位在综合应用的通用方法论层面，而不应涉及具体专业的计算机应用。第二、三层次课程设计的原则如下：

① 可以按层次分别设计，也可统筹设计；

② 尤其要关注开发以新一代计算机技术及应用领域为背景的大学计算机课程；

③ 要实施分类指导。

特别需要指出的是第一层面各层次课程中，都应融入计算思维及其他科学思维与科学行动等思想行为层面的内容，以提升学生解决问题的能力，使大学计算机基础教育在更高层面为专业和学生职业生涯发展服务。

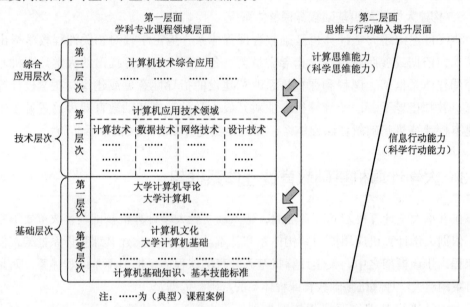

注：……为（典型）课程案例

图9-1　大学计算机基础教育课程体系框架

9.4　构建大学计算机基础教育课程体系的指导意见

对于构建大学计算机基础教育课程体系，我们提出以下五种建议，分别适用于不同的学校专业和学生状况，可以作为学校自主构建课程体系的参考依据。

1. 以往的1+N大学计算机基础教育课程体系模式

对于没有掌握计算机基本应用能力的大学新生群体，可仍然采用以"大学计算机基础"课程为大学计算机基础教育的第一门课程，以计算机基本应用能力为主要教学内容，在学好该门课程基础上，依据专业需要选择1～2门其他大学计算机基础教育课程，这基本是以往的大学计算机基础教育1+N课程体系模式，但每门课程内容应进行更新，重视培养计算思维能力，提升解决问题能力。

2. 改进的1+N大学计算机基础教育课程体系模式

对于计算机基本应用能力掌握不均衡的大学新生群体，可采用灵活的教学方式其使计算机基本应用能力达标，如采用MOOC方式学习"大学计算机基础"课程，可以只记学分，不记学时，也可以入学时直接进行达标测试。而对于大学计算机基础教育的第一门课程可开设改进的"大学计算机"课程，如在"计算思维导论""计算机科学导论"、以计算机技术及应用为主要内容的"大学计算机"课程、以计算机基本应用能力的高级应用为主要内容的"大学计算机"课程，以及"新计算机科学导论"等课程中任选，此后再依据专业需要选择1～2门其他大学计算机基础教育课程，这些课程无论名称是否包含"计算思维"，都应在解决问题过程中突出计算思维和其他科学思维能力培养。

3. 以计算机技术及其应用为基础的大学计算机基础教育课程体系模式

对于计算机基本应用能力的学习和评估可采取上述第二种的形式。在学生计算机基本应用能力已达标的情况下，可以不再专修"大学计算机"课程，而直接学习与专业结合更紧密的计算机技术及其应用方面的课程。如在大数据时代，数据已成为促进科学技术、经济生产、社会生活发展进步的重要资源，各专业学生都会遇到数据采集、处理、分析方面的问题，各专业学生都可直接选择一门有关"数据科学""大数据技术"方面的课程。在此基础上，如工科学生还可再学习"程序设计"方面的课程，设计类专业可选择"多媒体技术应用"等方面的课程，以此构建大学计算机基础教育课程体系。

4. 以计算机专业应用为目标的大学计算机基础教育课程体系模式

为使大学计算机基础教育课程更好地为专业服务，在学生计算机基本应用能力已达标的情况下，也可以直接以大学计算机基础教育课程框架第三层次课程，即计算机技术综合应用课程为目标，设计大学计算机基础教育课程体系，如：农业类专业的"计算农业"、医学类的"计算医学"、工科类的"计算工程"等课程。如在计算机基本应用能力与直接为专业服务的课程之间需要补充计算机理论、技术等方面内容，可设计一门类似某类专业计算基础方面的课程，如"计算农业基础"。这就构成了以计算机专业应用为目标的大学计算机基础教育课程体系模式。

5. 由学生自主构建大学计算机基础教育课程体系模式

实现学生在教师指导下，自主选择、确定所修大学计算机基础教育课程，自主构建个性化学习的大学计算机基础教育课程体系，是与国际高等教育类似的大学计算机基础教育模式。但要实施这一模式必须具备一定的条件，主要是学校要有充足的大学计算机基础教育教学资源；教学管理要适应现代大学管理方式；同时学生具有正确的学习动机，如较强烈的求知欲望和努力学习的价值取向等。

第10章 基于基础层次的大学计算机课程

大学计算机课程体系框架中（见第9章图9-1）第零层、第一层属于基础层次。基础层次的课程类似于以往的大学计算机基础教育1+N体系中的"1"。但在新一轮大学计算机基础教育教学改革的背景下，基础层次的"大学计算机基础"和"大学计算机"课程从内容到内涵都发生很大改变，而且对不同类型学校、不同专业，其课程内容、教学实施、教材设计等应该有不同的解决方案。

10.1 "大学计算机"课程方案

根据调查与分析[1]，从全国整体情况看，大学新生对于计算机基础知识与基本操作的掌握情况存在不均衡、不系统、不规范的状态仍较为普遍，整体上没有达到中学信息技术课程的基本要求。在目前阶段，大学计算机课程很难确定一个统一的起点，应该区别地区经济发展、专业类别、学校类型，设计不同的方案；要为那些没有掌握计算机基本应用能力，尤其是没有掌握计算机基本操作能力的学生，提供学习和训练的解决方案。

▶▶▶ 10.1.1 关于大学计算机课程体系基础层次的课程

如何解决大学新生对计算机基本应用能力掌握情况远未达到预期目标的问题？更进一步，大学计算机基础教育如何适应时代的进步、技术的发展，承担起对学生进行基本素质教育的重任？大学计算机基础教育课程体系框架的第零层次、第一层次主要面向这两个问题。

第零层次的课程是"大学计算机基础"。"大学计算机基础"课程主要是解决不均衡、不系统、不规范的问题。该课程面向没有掌握计算机基础知识、不会操作计算机的学生。目的是提升学生计算机基本操作能力及软件工具应用能力，即面向能力模型第一层中的第一、二级能力要求（见第3章图3-4）课程主要包括学习计算机基本概念、基础知识；掌握计算机工具的使用；具备使用信息工具完成简单任务的能力，并在教学过程中，提升学生的信息素养，培养学生的科学思维能力；通过了解互联网、IT产业及相关技术的发展，启发学生对技术创新应用的思考。

---

1 附录C《非计算机专业大学新生计算机基本技能与基础知识掌握现状的调研报告》

第一层次的"大学计算机"着眼于提升学生计算机技术应用的基础能力。课程是从非计算机专业对计算机应用的需求视角，选定计算技术、数据技术、网络技术、设计技术等主要技术应用领域，参照教指委编制的《高等学校计算机基础教学发展战略研究报告暨计算机基础课程教学基本要求》（简称"白皮书"）提出的课程基本知识体系和实验体系，融入云计算、大数据、物联网等新技术的相关概念、方法，在计算机基本操作能力基础上，初步培养学生的计算机技术应用能力，包含利用信息技术进行工作的能力和科学思维能力，这里所提及的工作既包含基本不需要复杂思维活动（如：有效搜索、整理、呈现等）的简单任务，也包含需要具备一定学习、筛选、判断、规划、设计、实施等行动过程的较为复杂的任务。

目前，许多高等院校不同程度地缩减大学计算机基础课程的学时，或取消这门课程。在这种形势下，将以往的大学计算机基础教育中的第一门课改为"大学计算机基础"和"大学计算机"两门课程，是否具备可行性？实际上，本课程体系中的这两门课程是按需开设的，实施建议如下：

① 根据各地区、学校、专业类别的需求选择其中一门课程作为大学计算机基础教育的第一门课。一般情况，经济欠发达地区，且学生有需求，可开设"大学计算机基础"课程。反之，可开设"大学计算机"。而且"大学计算机"课程内容也可以有多种方案。

② 对于没有达到《能力标准》的学生，用自学加辅导的方式，利用网络学习平台，自学"大学计算机基础"课程。以通过《能力标准》测试作为课程通过的标准。

▶▶▶ 10.1.2　"大学计算机"课程方案的具体内容

我国约有1 200所本科高校，每年大约有350万大学新生。不同类型学校、不同类别专业的人才培养目标有很大差异，使得非计算机专业的计算机课程有不同的目标和要求。即使是达到《能力标准》的学生，也难以用一个统一的方案适应所有学校的教学要求。因此应该针对不同的教学需求，设计不同的课程方案。

1. 以计算思维为导向的大学计算机课程方案

在新一轮大学计算机基础教育教学改革中，清华大学等九所高校在《九校联盟（C9）计算机基础教学发展研究战略联合声明》中提出"旗帜鲜明地把'计算思维能力的培养'作为计算机基础教学的核心任务""培养复合型创新人才的一个重要内容就是要潜移默化地使他们养成一种新的思维方式：运用计算机科学的基础概念对问题进行求解、系统设计和行为理解，即建立计算思维"。

以此为指导思想的课程方案，将计算思维引入大学计算机基础教育的教学中。该方案围绕着使用计算手段求解问题的全过程来规划所要讲述的内容。以计算的能行性、复杂性为基础，用算法和程序表达和描述待求解的问题，最后，选用合适的计算机硬件和软件系统，完成对问题的求解。

由于九校联盟（C9）中多为研究型重点大学，因此所提课程方案比较适用于研究型大学的理工类专业，所开课程也可直接称为"计算思维导论"。

2. 以计算机科学为主要内容的大学计算机课程方案

以重点大学为主的部分院校的一些专业对大学计算机课程的要求是以计算机科学为主要内容，强调理解计算机系统，注重科学思维能力的培养，所开课程也可称为"计算机导论"或"计算导论"。

该课程方案概览计算机科学与技术的主要学科知识，介绍计算机领域各个方面的内容，而不深论这些知识的技术细节。课程内容包括计算机工作原理、程序设计语言、软件与操作系统、数据结构与算法、计算机网络、数据库系统、多媒体技术和软件工程等。

在专业基础部分，注意培养学生对计算机软件基础的理解和掌握；在计算机组成原理中，注重程序存储概念的教学；在数据结构与算法部分，注重结合算法设计与分析的教学；在程序设计语言部分，注重程序结构和设计方法的训练。通过课程的学习，学生可以对计算机的组成、冯·诺依曼机的特征，以及程序结构和程序设计方法等建立相应的概念，奠定继续学习的基础。在专业核心部分，数据库系统、计算机网络和操作系统等以往的计算机核心课程处于重要位置，注重对学生系统设计能力的培养。

学习该课程不需要计算机科学、编程或数学方面的先决知识。

3. 以数据处理为线索的大学计算机课程方案

目前，国内外都已经有按照某种技术线索组织课程内容的大学计算机课程。这类课程方案认为计算机是一种数据处理机器，计算机科学是使计算机完成各行各业、形形色色数据处理任务所需要的理论、方法和技术的知识集合。计算机的本质核心是"数据处理"功能。

以"数据表示、数据加工表示、计算机系统"为线索展开课程内容。其中包含了后续各门计算机类专业课程的主要概念，从而使学生从计算机数据处理的视角对计算机科学的内容及其内在关联有清晰、概要的认识。

随着数据科学和大数据的发展应用，该课程方案在新一轮大学计算机基础教育教学改革过程中开始受到很多从事大学计算机基础教育教师的关注。

4. 基于计算机技术的大学计算机课程方案

基于计算机技术的大学计算机课程方案着眼点于非计算机专业大学生不仅要具备计算机基本应用能力，还应掌握必要的计算机技术，并具有综合运用信息技术及科学思维，解决与计算机相关的工作生活问题的能力。

该课程方案以非计算机专业对计算机技术应用的要求为依据，选定课程的主要内容，而不是以计算机学科的理论为线索，有利于非计算机专业的学生体会、感受有哪些计算机技术可用于其专业领域，以及可解决什么性质的问题，亦即由实际的应用需求为导向，确定所需的理论知识、应用技术及思维能力的培养要求。

该课程方案的主要内容是计算技术、数据技术、网络技术和多媒体技术等，它们基本覆盖了非计算机专业对计算机技术应用需求的主要领域。

该课程方案适用于有此需求的各类本科院校专业。

5. 基于新技术的大学计算机方案

基于新技术的课程方案将"大学计算机"课程定位于通识教育课程。

进入21世纪，IT技术飞速发展，计算技术呈现新的发展趋势。移动互联、物联网、虚拟化、云计算、大数据等热门话题的出现，在一定程度上反映了新技术的发展与普及。该课程方案以移动终端、高性能计算机与数据中心、虚拟化与云计算、物联网、大数据与社会计算、计算思维等新技术、新概念为主要内容。这种基于新技术的课程方案能够开拓学生的眼界、拓展思路，使学生能够对计算机新时代有广泛、宏观的了解。

按照这种教学内容与形式实施的大学计算机课程，更适合以讲座、报告的形式进行教学。但难以达到提升学生应用计算机能力的目标，可以作为扩充计算机发展视野的选修课程开设。

10.2 "大学计算机基础"课程案例

▶▶▶ 10.2.1 课程描述

1. 课程背景

基于《能力标准》的"大学计算机基础"对于解决大学新生操作计算机能力的不均衡、不规范和差异性的问题有着非常积极的作用。《能力标准》既可以作为大学生信息素养、计算机操作能力的基本要求，也可以作为学习其他计算机类课程的入门条件。

"大学计算机基础"课程面向未能达到《能力标准》的学生。这门课程不是简单地按照《能力标准》将以往第一门课程进行内容重组。基于《能力标准》的"大学计算机基础"课程以提升学生的基本信息素养、计算机操作能力、基本应用能力为重点，较之以往的"大学计算机基础"课程，其重点的改进如下：

① 以《能力标准》为主要教学内容和评价标准；解决大学新生计算机基本操作能力不均衡、不规范和差异大的问题。

② 按照《能力标准》的要求，结合信息技术的发展，使学生了解信息社会应具备

的常识、相关的信息技术、概念和术语等。

③ 按照《能力标准》提出的操作能力及基本应用要求，使学生掌握计算机的基本操作，并通过运用计算机技术解决实际问题的过程，掌握解决问题的基本方法、思路、过程。在这个过程中，培养学生应用计算机完成工作的能力，提升学生的信息素养，培养学生具备一种普适的科学思维能力。

2. 课程目标

通过本课程的学习，使非计算机专业的学生初步具备选择合适的计算机工具及方法进行信息处理的能力；具备利用计算机获取信息的能力，利用计算机处理文字信息、数据信息等的能力，使学生了解IT新技术、新发展趋势，激发学生的学习兴趣，提升学生的信息素养；初步培养学生科学思维的能力，使学生了解利用信息技术工具完成工作的基本思路和过程；初步具备利用计算机分析问题和解决问题的意识与能力，使学生在后续的学习和工作中，能够更好地使用计算机及相关技术解决本专业领域的问题。

3. 课程简介

本课程针对尚未掌握计算机基础知识，不具备计算机基本操作技能的学生，或不能有效地利用信息技术进行工作的学生。针对这部分学生，"大学计算机基础"课程实施可以有两种方案。

① 方案 I：面向《能力标准》第一层次的要求。本方案的课程整体结构基本参照《能力标准》第一层次的内容，包括"认识信息社会""使用计算机及相关设备""处理与表达信息""网络交流与获取信息"四个部分。第二层次提升基本应用能力的要求与内容融在第一层次中。

② 方案 II：面向《能力标准》第二层次的要求。本方案以《能力标准》第二层次应用能力要求为重点，进一步提升学生的计算机应用能力，提高学生的计算机基本素质和实践技能，具备应用计算机解决专业问题的能力，培养学生的计算思维能力、终身学习能力及创新意识。

▶▶▶ 10.2.2 "大学计算机基础"课程案例 I

1. 课程内容概述

按照《能力标准》的体系，课程主要内容如下：

① 认识计算机，计算机的发展与应用现状，计算机社会。

② 操作系统的概念，管理文件、用户、系统配置、权限管理等。

③ 计算机硬件系统的构成、类型、性能指标，计算机软件的概念，常用应用软件的使用。

④ 用办公软件处理文档、图表及演示文稿；协同操作，共享网络存储、云存储文档的方法。

⑤ 数据库的基本概念，应用数据库技术管理数据的基本方法。

⑥ 网络的概念、环境，使用浏览器进行高效的搜索、收发电子邮件、在线交流、在线生活等。

⑦ 数字文化，合法使用计算机。

⑧ 安全使用计算机，常见的网络安全技术。

⑨ 简单的计算机及网络故障处理。

2. 课程单元内容

课程单元内容见表10-1。

表10-1　课程单元内容

课程单元	能　力　要　求			学　习　案　例	实践项目
	知识点	技能点	思维要素		
认识信息社会	计算机应用领域； 计算机类型、特点、发展趋势； 信息社会的特点、风险； 健康使用计算机	—	计算	计算机的发展； 计算机的应用	—
使用计算机及相关设备	计算机常用术语； 操作系统的基本概念、功能和类别； 文件的属性及类型； 硬件设备及其性能指标； 数制和码制； 软件的类型、管理与使用，软件工具； 操作系统的维护、使用； 硬件设备的维护、使用	管理文件、文件夹； 配置计算机，设置、管理系统状态和参数； 排除常见故障； 软件的安装、卸载； 压缩与解压缩； 磁盘管理、检测、清除计算机病毒和恶意软件； 系统备份与还原	计算； 并行； 编码	设置个性化的计算机； 个人文档的管理； 根据需求配置计算机； 信息编码转换； 计算机故障的初步判定	管理个人计算机

续表

课程单元	能　力　要　求			学 习 案 例	实践项目
	知识点	技能点	思维要素		
处理与表达信息	文字、数字、图像信息的处理；软件的协同工作	文本处理；电子表格数据处理；幻灯片制作；Access表、窗体创建、应用；图片与图形处理	设计；记忆；数据处理	制作简历；长文档排版；制作课表；制作成绩单与考勤表；制作销售统计表；制作总结报告	Word实践；Excel实践；PowerPoint实践；Access实践
网络交流与信息获取	网络组成、拓扑结构、体系结构、局域网设备及组网、IP地址表示、域名系统、Internet接入方法；电子邮件、信息检索、上网应用软件；移动互联网的概念、特点；移动终端、操作系统的基本应用	网络组成、IP地址、URL解析-浏览器、搜索；在线交流与即时通信、在线生活	协议；自动化；抽象；评估；协同；搜索	根据给定主题，查找文献，编写报告；即时通信工具的使用	—

3. 教学实施建议

① 对于重点院校或经济较发达地区的院校，可采用灵活的教学方式。学生通过网络教学平台进行学习，或采用MOOC方式学习。学习方式以自学为主。经过课程测试，达到《能力标准》作为通过课程的考核。可以只记学分，不记学时，也可以在学生入学时直接进行达标测试。

② 对于一般地方院校、经济欠发达地区的院校，可以此课程作为第一层次的课程。但在教学实施中，要特别关注能力体系第二层次的内容与要求，体现出计算机基本应用能力内涵的提升与发展，体现出对科学思维能力的培养。

4. 考核方式

① 若以自学达标方式进行教学，建议以达标测试作为课程的考核。达到《能力标准》，作为课程通过。

② 若作为非计算机专业的第一门计算机课程，则建议除达标测试之外，应增加学习过程中多环节的过程考核。包括达标测试、实验考核、综合应用考核等。

5. 课程特色与创新

"大学计算机基础"课程面向未能达到《能力标准》的学生。这门课程将提升学生的基本信息素养和计算机基本应用能力作为重点，较之以往的"大学计算机基础"课程，其主要的改进内容如下：

① 以《能力标准》为教学内容的基准；解决学生具有不同起点、差异大的问题，使学生掌握所应具备的基本信息素养和计算机基本应用能力。

② 以应用计算机完成工作的能力培养为主线。不要求学生死记硬背计算机领域的一些概念、专业术语，而通过运用计算机技术解决实际问题的过程，理解相关技术的基本概念，掌握解决问题的方法、思路、过程。

③ 以思维能力、信息素养养成训练为关注点。培养学生普适的科学思维能力是课程的重要目标。而这个目标的达成，通过概念讲授难以完成，要通过案例训练、项目训练等方式完成。

▶▶▶ 10.2.3 "大学计算机基础"课程案例 II

1. 课程内容概述

本课程共分为三部分：计算机文化、办公软件应用和程序设计基础，旨在以计算思维为切入点，培养学生具备信息社会从业者所需要的信息素养和计算机基本应用能力。

① 计算机文化包括计算机文化与知识以及 Windows 7 操作系统基本概念和应用，主要介绍计算机与日常生活的关系，以及当前计算机技术发展的热点与趋势。通过计算机文化的介绍，使学生了解计算机与日常生活的关系，以及当前计算机技术发展的热点与趋势，并掌握计算机及信息技术的基本概念与原理。

② 办公软件应用包括文字处理、电子表格和演示文稿的综合应用，掌握高级排版的各种技术、复杂的数据分析处理技术及制作专业演示文稿的技术。

③ 程序设计基础包括问题求解与结构化设计方法、RAPTOR 可视化编程以及算法设计，主要通过了解问题求解的一般过程，利用程序设计的思想，采用基于流程图的算法原型设计工具 RAPTOR 进行算法设计，培养学生利用计算思维解决专业领域中常规问题的能力。通过了解问题求解的一般过程，利用程序设计的思想，采用基于流程图的算法原型设计工具进行算法设计，培养学生的计算思维。

2. 课程单元内容

课程单元内容见表 10-2。

表10-2　课程单元内容

课程单元	能 力 要 求			学习案例	实践项目
	知识点	技能点	思维要素		
计算机文化与生活	终端、主机、客户端、节点、二维码、云计算、比特币、信息编码、网络安全	计算机部件认识，影响计算机性能部件的选型	编码	计算机组装视频	—

续表

课程单元	能 力 要 求			学习案例	实践项目
	知识点	技能点	思维要素		
计算机基本操作	计算机基本信息、硬件配置、CPU主频、CPU位与操作系统位	文件归类存储，利用库管理文件和搜索文件，设置远程桌面连接	分时；并行	桌面定制、文件管理	高效管理照片文件
文字处理基本操作	页面设置、段落格式、项目符号、文档加密、表格、图片与SmartArt图形、分栏、样式	快速格式化文本，插入和编辑表格，应用样式、美化表格、查找与替换	设计	制作招聘启事、职位申请表、岗位宣传页	制作宣传海报
文字处理综合应用	视图、文档属性、目录、封面、页眉页脚、域、文档部件、基块管理器	修改查找替换样式，使用模板和主控文档，个性化多级列表，插入和编辑页眉页脚及目录	设计	社团章程排版	快速编排制作企业宣传册
电子表格基本操作	单元格格式、数据有效性、公式、单元格引用、函数、条件格式、表格格式、邮件合并	快速填充数据，数据有效性设置，设置条件格式，公式及函数的使用，单元格引用	设计；数据处理；抽象	制作课堂考勤表；制作课程成绩统计表；制作成绩通知单	制作员工信息登记及工资发放表
电子表格综合应用	统计函数分类汇总、图表、数据透视表	利用排序及分类汇总等分析数据，VLOOKUP函数查找并挖掘数据信息，SUMIF函数进行数据处理，数据透视表对复杂数据进行汇总	分析；抽象；设计；数据处理	成绩分析；奖学金评定；奖学金统计	员工工资的统计与分析
制作演示文稿	幻灯片版式、母版、超链接、动画	设计幻灯片版式、主题效果，设置动画效果、切换效果	设计	设计幻灯片母版；设计封面封底及目录页；设计内容幻灯片；设置动态效果	制作公司介绍幻灯片

续表

课程单元	能 力 要 求			学习案例	实践项目
	知识点	技能点	思维要素		
问题求解与结构化设计方法	科学与思维，计算思维，问题的分类和理解，计算机问题求解的一般过程，结构化程序设计基本思想	提出和理解问题，解决问题的策略，选择合适的解决方案	约简；仿真；抽象；自动化	理解问题，设计方案	给定若干问题，设计解决方案
RAPTOR可视化编程	顺序控制结构，选择控制结构，循环控制结构，模块化结构	掌握传统流程图绘制方法，结构化程序设计方法	抽象；自动化；问题求解	传统流程图绘制，针对特定问题的程序结构选择及实现	对问题的解决方案进行求解
算法设计	算法的概念及基本性质	问题分析归类，选择合适的算法；通过算法分析与优化	抽象；分解	蛮力算法、排序算法、查找算法、递归算法	对问题进行抽象、分解并实现

3．教学实施建议

（1）教学设计宗旨

以提高信息素养、提高应用能力为目标，注重提高学生综合应用和处理复杂办公事务的能力。在教学过程中注意情感交流、教书育人，并实施分层次教学、因材施教。

（2）采用案例教学法

使用以实际需求为题材设计的各种经典案例，采用启发式教学——从提出问题，找出解决方案，到解决问题的操作步骤的任务驱动教学法组织全部教学过程。

（3）采用多种方法的组合教学手段

授课采用投影+课件、网络+交流讨论等多种教学手段。实践采用专门设计的案例，学生操作，精讲多练，注重培养学生的自主学习能力。

4．考核方式

本课程采用形成性考核方式，总成绩由平时考核（含平时学习表现考核、综合作业）和期末考试成绩两部分形成。

总成绩=平时学习表现考核+综合作业+期末考试成绩

5. 课程特色与创新

（1）将能力提升、工作任务、典型工作过程有机融合

以工作任务为主线组织课程内容，以典型工作过程为载体设计教学活动。按照工作过程设计学习过程，建立工作任务与知识、技能的联系，增强学生的直观体验，激发学生的学习兴趣。

（2）将计算思维培养融入教学中，提高学生的信息素养

通过了解问题求解的一般过程，利用程序设计的思想，采用基于流程图的算法原型设计工具RAPTOR进行算法设计，培养学生的计算思维能力。

将计算思维培养融入教学中，通过"问题建模→问题分析→寻求方案→方案比较→方案实现"生动形象地向学生讲授计算思维的基本思想，从而提高学生的信息素养。

在培养学生计算思维能力的同时，必须考虑到学生没有编程语言的基础。需要避免学生陷入到语法细节中，而无法将注意力集中到算法问题求解上。

为了达到上述目标，引入 RAPTOR 快速算法原型工具，作为计算思维训练的教学实验环境，通过用基本流程图符号来创建并验证算法，学生不仅可以可视化创建算法，所求解的问题本身也是可视化的。

10.3 "大学计算机"课程案例

▶▶▶10.3.1 课程描述

1. 课程概述

（1）课程背景

本课程是在原有"计算机文化基础"课程基础上，依据人才培养的要求，结合信息技术的发展趋势，以及现代教育技术在教学改革中的应用，对课程体系、教学内容进行改革。该课程指导学生全面了解计算机知识体系，掌握计算机基础知识，为后续计算机课程的选修奠定坚实的基础。

该课程既注重计算机基础知识的系统介绍，又面向计算机的操作与应用。使学生比较系统地掌握计算机的知识体系，逐步建立计算的思想，计算环境的建立，计算所需的方法、技术和工具，以及使用这些工具的步骤和效果，并为后续课程的学习打下基础。

（2）课程主要内容

理论方面：以计算思维培养为主线，了解计算机硬件的最新技术、成果及发展趋

势；了解操作系统的功能，掌握软件运行的进程、线程与内存分配知识，掌握图形界面与命令行关系，了解Linux发展趋势、基本应用，较深入地理解程序设计过程、数据结构、程序设计思想的相关知识；了解数据库技术在各行业应用的重要性，掌握桌面数据库基本操作和应用，理解关系模型和SQL语言等知识；熟练掌握计算机局域网的组网、拓扑结构、常用网络协议、IP地址规划、Internet常用信息服务、各种信息检索方法、网站设计及建立的方法、电子商务应用等；加强多媒体、流媒体的理论知识；加强网络攻击防范和病毒防范的各种知识，较深入地理解数据加密、数字签名的概念以及应用领域，较全面地掌握信息安全的法律法规、知识产权保护规则等。

实践方面：加强选定操作系统的安装、系统备份、文件系统的整理等能力；掌握常用办公软件的应用（图文混排、科技文章编排、目录结构设置、壁报编排等；各类表格图表计算、编排设置；会议、报告、专题演示文稿设计等）；熟练掌握程序设计软件环境的设置和使用、简单程序的编辑、编译、连接、运行；熟悉桌面数据库常规应用，建立数据表、数据表查询设计、简单SQL命令使用等；计算机网络协议设置、资源共享及访问权限设置、熟练掌握多种浏览器的使用、熟练应用搜索引擎查询信息的方法、各种网络应用软件安装设置及使用（FTP、E-mail、BT、Emule、迅雷等）、网站建立基本方法、电子商务操作过程等；熟练掌握各种媒体（图片、声音、视频）的播放、格式转换、各种压缩标准的应用等；熟悉计算机防攻击的一般方法、计算机安全保护、文件的加密压缩等操作。

主题研讨：分组团队合作，强调自主学习、主动学习和团队合作，教师引导，学生自选与信息技术密切相关的、前沿最新技术、产品等主题进行研讨（搜集、整理资料，制作演讲稿，演讲、提问相结合的研讨方式），提高学生的自主思维、主动解决问题的能力，增强团队协作精神和创新精神。

2. 课程目标

课程教学目标如下：

① 通过理论学习，使学生初步认识计算思维的概念，建立计算思维、计算环境、计算模式的思想，了解计算的方法、表达、过程，能应用计算机解决学习、工作中的实际问题；了解计算机的发展简史；掌握计算机基本工作原理。

② 通过理论学习和上机实践，使学生掌握计算机操作系统基本原理、功能、使用和维护方法；具有办公软件的应用能力；初步掌握程序设计基本概念和思想；初步掌握数据库的基本概念和简单操作；较好地掌握和运用计算机局域网和国际互联网进行工作；了解多媒体和流媒体的基本概念，及各种媒体转换方法及简单编辑、处理的方法；掌握和具备基本的计算机信息安全知识和防范能力。

③ 通过专题研讨和师生、生生交流，使学生了解IT新技术、新方向、新趋势，激发学生学习兴趣并主动、自主学习。

▶▶▶ 10.3.2 课程教学内容

1. 课程单元内容

课程单元内容见表10-3。

表10-3 课程单元内容

课程单元	能 力 要 求			学习案例	实践项目
	知识点	技能点	思维要素		
计算与计算思维	计算概念、方法、表达、过程，计算思维，计算环境，计算模式	—	计算的方法、表达、过程	分布式计算、并行计算、移动计算、普适计算、可信计算、容错计算、网格计算、云计算动画演示	—
计算机原理及系统	图灵与图灵机，冯·诺依曼计算机，计算机系统硬软件及工作原理，信息表示及运算	计算机部件认识，影响计算机性能部件的选型	编码；存储	计算机组装视频	—
操作系统基础	操作系统概述，操作系统五大功能模块作用，Windows 7使用、Linux系统简介	安装、配置操作系统，常用应用软件	分时并行控制	操作系统安装配置视频	操作系统安装配置
算法与程序设计	问题与求解，算法概念及描述方法，程序结构与典型算法	编译环境应用	穷举迭代；递归	三个基本结构程序案例	编程实践
数据库技术	数据与数据库，E-R模型与关系模型，关系数据库管理系统，SQL语言	数据库、表创建，应用	数据的关联性数据的聚集；数据的挖掘	学生信息管理系统案例	Access实践

续表

课程单元	能　力　要　求			学习案例	实践项目
	知识点	技能点	思维要素		
计算机网络	网络组成，拓扑结构，体系结构，局域网设备及组网，IP地址表示，域名系统，Internet接入方法，信息检索，上网应用软件，网页设计与网站建立，电子商务应用	局域网常见问题排除（硬件、软件、），局域网IP规划网站设计电商应用	协　议、分层、协调	组网案例；IP规划案例；网站设计	组网案例；IP规划案例；网站设计
信息安全与社会责任	信息安全，计算机病毒防范，信息安全技术，社会责任及职业道德规范	计算机安全软件使用	转换过滤	安全大事件案例	
多媒体技术	多媒体和流媒体概念，多媒体系统组成，多媒体系统软件应用，数据压缩与存储，多媒体应用系统开发方法	多媒体应用软件的使用，各种媒体格式比较及转换	设计、编码、仿真、压缩	图像应用；音频应用；视频应用；动画应用	图像应用；音频应用；视频应用；动画应用
综合应用项目	分组研讨：IT行业新技术、新方向、新趋势				

2. 教学方法

理论引导，实践锻炼应用能力，分组专题研讨相结合的主动学习模式。

3. 考核方式

采用学习过程中的多环节考核方式，主要包括笔试考核、研讨考核、实验考核、平时考核。

4. 建议学时

理论教学16学时；实验教学16学时（分组研讨在实验中进行）。

5. 支撑平台，教学资源

Sakai网络学习平台。

▶▶▶ 10.3.3　课程特色与创新

课程以"计算思维"为引导，由问题导入计算过程和理论，即可计算问题的定义

→解决问题的策略→解决问题需要的计算环境→解决问题的计算方法→计算方法的实现和执行→结果的评价。课程以问题驱动，计算思维引导的方式贯穿整个课程。

各章首先选取合适的问题，提出并加以简要描述，其次给出解决该问题的技术路线，然后在本章各节分别对该问题的相应环节予以解答，必要时可以较为详细地讲解解决问题的技术细节。这样，可以将问题和章节内容紧密结合起来。通过问题驱动方式，体现计算的过程，从而表达计算思维的思想。

特色：

① 以问题为驱动。

② 计算思维引导。

③ 突出用计算机解决问题的能力培养。

④ 理论与实践相结合，设计一系列实际教学案例，培养学生分析问题、解决问题的思维方式和思路，引导学生自主完成实验，培养学生利用帮助、网络等解决问题的能力。

第11章 计算机技术层次课程与案例

11.1 面向应用技术的课程概述

课程是将人们基本共同认可的教育目的转换为一种可以操作的课程目标和运作体系及方式，包括：课程的目标、内容、组织、评价等内容。

国内高校一般是按照学科知识体系进行课程内容的设计。本课题的研究对象是理工类非计算机专业。对于这个群体而言，大学计算机课程不是他们的专业课程，其课程体系设计、课程设计不应完全照搬计算机专业的课程体系和课程内容设置。

本课题研究的起点之一是调查计算机的应用领域（参见第2章及附录B）。根据调查结果，确定非计算机专业学生在工作岗位上主要使用的计算机技术；再从教学、课程设计的角度对各项计算机应用技术进行分析、分解，得到相应的基础级课程资源（参见第7章）。基础级课程资源给出了工作中应掌握的计算机技术内容，这些内容不是按照知识体系进行划分和组织，而是按照技术应用的过程（如数据技术）、逻辑思路（如计算技术）或应用领域组织（如多媒体设计技术、网络技术）进行组织的。

基础级课程资源是设计、构建课程的基础。根据基础级课程资源构建非计算机专业大学计算机基础教育课程的一般方法如下：

① 根据学校类型、生源特点，分析、确定专业需求及课程目标。

② 根据专业需求、课程目标，从基础级课程资源中选择达成课程目标所需的技术子领域。

③ 按照学校教学的特点和要求，细化所选择的基础级课程资源，确定课程单元。

④ 明确每个课程单元的能力要求，即该课程单元的知识点、技能点和蕴含的思维要素，并设计达到能力目标要求的学习案例和实践项目。学习案例由教师在教学过程中详细讲授，实践项目则是由学生按照给定的任务描述及要求自主完成。

⑤ 根据教学内容、学生状况、环境条件等，确定教学方法。计算机应用技术类课程的教学方法除了课堂讲授之外，要注重采用适宜培养技术应用能力、思维能力的教学方法。

⑥ 确定考核方式。针对教学内容设计考核方式。考核不仅是对概念、原理的考核，更重要的是考核学生的计算机应用能力。

⑦ 面向计算机应用技术课程的教学，应该有别于基于学科体系课程的教学。要体现出对思维能力的培养、对新技术的引入、对应用能力的提升。

11.2 "C 语言程序设计"课程案例

▶▶▶ 11.2.1 课程描述

1. 课程概述

"C语言程序设计"是面向理工类非计算机专业本科学生开设的一门课程。以程序设计过程为主线，以案例和问题引入内容，以"问题—思路（问题求解）—算法（模型）—代码—调试—修改—实现"为路线，遵循"程序=算法+数据结构"之理念，引导学生通过逻辑思维，掌握问题求解的基本方法，采用由浅入深、课堂教学和自主练习的教学方法，以培养学生的计算思维能力、解决专业问题能为目标，提高学生程序设计的综合能力。

教指委提出的大学计算机基础教学四个方面的能力培养目标：对计算机的认知能力、应用计算机解决问题的能力、基于网络的学习能力、依托信息技术的共处能力。从这些目标可以看出，大学计算机基础教育不仅是大学通识教育的重要组成部分，更在大学生全面素质教育和能力培养中承担着重要的职责。计算机不仅为不同专业提供了解决专业问题的有效方法和手段，而且提供了一种独特的处理问题的思维方式，即计算思维。

程序设计课程的内容最能够体现语言级的问题求解方法，是计算思维能力培养的重要课程。对大多数非计算机专业的学生而言，学习程序设计的目的是学习计算机分析和解决问题的基本过程和思路，而不是成为程序员。

以往的大学计算机基础教育中，强调程序设计语言的能力，没有把分析问题、解决问题的思路方法以及计算思维能力的培养作为重要目标。强调高级语言编写程序的过程和技能，缺乏对学生思维能力的培养。在新的形势和环境下，程序设计课程应该要以提升大学生信息修养和应用能力，加强课程实践能力的训练，培养计算思维能力作为教学目标。

2. 课程目标

本课程的教学目标是培养学生信息应用能力，掌握程序设计编程的基本方法，训练学生的计算思维能力。也就是说，不仅仅培养学生学会编写计算机程序，还要求培养学生在抽象层次上的思维能力，初步具备使用程序设计语言处理本专业领域的问题的行动能力。

▶▶▶11.2.2　课程教学内容

"C语言程序设计"课程教学内容见表11-1。

表11-1　"C语言程序设计"课程教学内容

课程单元	能　力　要　求			学　习　案　例	实践项目
	知识点	技能点	思维要素		
程序设计基础	程序的基本结构	—	抽象	显示"欢迎使用C语言！" 通过键盘输入本人生日，显示相应信息； 输入两个整数，显示较大的数	—
	程序的运行过程	C程序的编辑、编译、调试、连接、执行过程	自动化、转化	利用Visual C++ 6.0 集成开发环境运行一个C程序	—
	基本数据类型	基本数据类型的应用	抽象	整型、浮点型数值的算术运算	剪刀石头布； 四方定理
	标识符与关键字、常量与变量	标识符与关键字、常量与变量的应用		为字符加密	
	运算符与表达式	运算符与表达式的应用	逻辑、转化	检测谁说的是真话	
	输入/输出语句	基本的输入/输出语句的应用	共享	—	
	顺序控制语句	赋值语句、函数调用语句的应用		计算圆的周长和面积	
	分支控制语句	if-else、switch语句、else if语句的应用	逻辑、自动化	三个整数排序； 闰年判断； 求解一元二次方程	
	循环控制语句	while语句、do-while语句和for语句的应用		求解最大公约数； 计算 π 的近似值； 计算n!	

续表

课程单元	能 力 要 求			学 习 案 例	实践项目
	知识点	技能点	思维要素		
算法	算法概念与特征	算法设计的基本方法、流程图描述算法	抽象、转化	颠倒整数的各位数字求最小公倍数；求n个数的平均值	—
	常用算法	枚举、递推与迭代算法、分治算法的设计	抽象、分解	爱因斯坦的数学题；一个奇异的三位数；数列求和；计算级数的值；猴子吃桃的问题；二分查找	猜数字游戏
函数	函数的定义、声明；函数的调用	Include命令；函数的定义和声明	抽象、封装、共享、自动化	平方根表；随机生成一张扑克牌；阶乘累加和；三色球问题	计算各种几何体体积 最小二乘法
	函数的参数传递与返回值	函数的参数传递过程	通信	爬动的蠕虫；日K蜡烛图	
	递归函数的定义、执行过程、执行效率分析	递归方法及递归函数的设计	递归、折中、评价	Fibnacci数列；假币问题	
	变量的作用域与生存期	局部变量与全局变量的使用	抽象、类比	富翁与骗子；简易库存存取货管理	
	模块化程序设计	模块化程序设计方法	抽象、分解、约简、设计、封装	模拟银行ATM机存取款；贷款计算器	—
组合数据类型	数组的定义及引用；字符数组及字符串的应用；数组作为函数的参数	一维、二维数组的应用；字符串的操作	抽象、简化	全班C语言课程成绩矩阵的组织方式与操作；平均绩点（GPA）计算；统计字符串中字符的信息；选择排序、冒泡排序、二分查找	九宫格游戏

续表

课程单元	能 力 要 求			学 习 案 例	实践项目
	知识点	技能点	思维要素		
组合数据类型	结构体类型的定义；结构类型作为函数的参数与返回类型	结构体类型变量和数组的使用	抽象、设计、约简、共享	创建手机类型；创建学生成绩类型	九宫格游戏
	指针与指针变量的概念；动态内存空间的申请和释放；指针变量作为函数参数	通过指针引用数组元素；指针的运算；申请、释放动态内存空间；指针变量作为函数参数的应用	抽象、折中、约简	寻找武功秘籍；输出出勤天数和评价；求一次实验的样本方差；月份名称的翻译；找出单行文本中第一个最长单词	
	链表的概念	创建和遍历单向链表、增删链表的节点	抽象、转化	快递物流记录；老鹰捉小鸡	—
数据结构	顺序栈与链栈的概念；栈的存储特点	栈的基本操作（进栈与退栈）	抽象、调度	简单背包问题；数制转换	括号匹配检查
	顺序队列与链队列的概念；队列的存储特点	队列的基本操作（入队与出队、利用队列实现搜索）		舞伴问题；过河问题	—
	二叉树的相关概念	二叉树的基本操作	抽象、简化、转化	爬树问题；查找问题	—
	常见数据结构	栈、队列和二叉树的应用	抽象、自动、回推	八皇后问题；叫号排队问题；电文编码问题	—
外部存储	文件与文件指针的基本概念	文件的读、写操作	抽象、折中	读取通信录文件；从通信录文件中查找联系人；备份通信录文件	单词本管理（文件）
	数据库的定义及应用	MySQL数据库的操作；查询、插入、删除SQL语句	自动化	创建MySQL数据库	—

课程单元	能 力 要 求			学 习 案 例	实践项目
	知识点	技能点	思维要素		
外部存储	C程序对MySQL数据库操作的基本过程	VC++6.0环境设置；MySQL接口函数的使用	抽象；分解	从MySQL数据库中读写通信录	单词本管理（数据库）
综合案例项目	车票管理系统； 小学数学练习系统； 数控机床伺服系统加/减速控制的指数算法的设计； 网络单词本程序				

▶▶▶ 11.2.3 课程教学实施方案

1. 教学方法

课程教学采用讲授、讨论、实践训练相结合的教学方法。其中实践训练分为基本操作、基本应用、项目综合应用等三个不同的级别。

使用试题库，学生课下大量练习，巩固知识的学习，积累编程和调试程序的经验，提高应用计算的能力。教师讲授重点，解答疑难问题，提高课程效果。

教学过程不过分强调C语言的语法细节问题，注重培养学生"问题—思路（问题求解）—算法（模型）—程序设计（实现）"思维方式、解决问题方法，注重将计算思维融入程序设计的过程。在教学实施中要特别注重实践，使学生通过实践确实感受和领悟计算机问题求解的基本方法和思维方式。

教学过程中要采用适应"计算思维"方法传授的教学方式，以启发式、案例教学、项目训练等教学方式为手段，培养计算思维能力。

2. 考核方式

考试是检验学生学习效果、评价学生学习业绩的重要环节。要通过考核引导学生分析问题、解决问题的思路，解决问题的方法及多样化，引导学生形成正确的思维方式。让学生知道，从分析问题的思路、解决问题的方法到解决问题并实现的一系列活动，就是计算思维能力培养的过程。考核重点放在学生分析问题的能力、解决问题的方法和综合信息应用能力等方面。

采用灵活的考核办法，笔试与上机考核相结合。其中笔试考核学生基础知识的掌握情况，内容的设置要避免学生死记硬背，以考核分析问题的能力为主。上机考核可以采用灵活的考核方式，例如采用上机考试系统从题库中随机抽取题目，要求学生在有限时间内解决；还可以实行开卷方式，允许查阅书籍资料，允许修改代码，强调算法的多样性，时间的要求等。

3. 建议学时

理论教学24 ～ 32学时；实验教学 24 ～ 16学时。

▶▶▶ 11.2.4　特色与创新

1. 主要特点

① 以培养学生信息素养和计算机应用能力为目标，遵循"程序=算法+数据结构"之理念，以"问题—思路（问题求解）—算法（模型）—代码—调试—修改—实现"为线索，通过导例引出问题，通过解决问题引出知识点与技能点，进而引导学生掌握问题求解的基本方法，提升学生的计算思维能力。

② 以培养学生计算思维能力为切入点，把计算思维贯穿在教学的各个环节。强调解决问题的方法、思路，关注知识点的学习，强化编程技能的训练，将"C语言程序设计"学习过程和计算思维的训练环节结合起来，在问题求解的各个环节上融入计算思维能力的培养。

③ 通过导例引出知识点，导例的编排由浅入深，导例的实现过程采用统一步骤，便于训练学生的思维。在内容上增加了栈、队列、二叉树、数据库等数据组织方法，丰富了数据处理的结构，知识点更加完整。按照"难、中、易"对习题进行分类，以适合于不同学生按需之用。实践项目着力于培养学生分析和解决综合问题的思路和方法，以及程序设计的综合能力。

④ 结合程序设计的应用领域，设计相应的综合案例，学生可以根据各自专业选择相关的案例。通过综合案例了解程序设计如何解决专业领域问题，潜移默化地引导学生以计算思维学习和解决专业问题。

2. 教学过程中融入"计算思维"

要把计算思维能力的培养和程序设计课程的教学有机地结合在教与学的过程中，在课程中处处体现方法、思路是解决问题的灵魂，程序设计语言是解决问题的工具。在教学过程中注意引导学生思考问题之外的问题、方法之外的方法，在学习过程中逐步培养学生的计算思维能力，能够看到问题之间的相同和不同点，透过现象看到事物的本质，引导学生提升科学思维的能力。

3. 加强思维方式的培养

对程序设计教学方式进行改革重点放在思路、算法上，也就是要针对问题进行分析，构建数学模型，构造算法并设计程序进行实现，同时要求养成良好的程序设计习惯，在此过程中培养学生的思维能力和动手能力，鼓励学生探索、研究和创新。语句只是表达工具。课程内容要讲最主要的构成部分，细枝末节的内容由学生通过自学、互学完成。例如，C循环语句有三种，重点讲授一种，因为可以将循环执行的过程抽象成一个对象，分为入口、出口以及过程体的控制，强化对循环整体的认识，找到解决循环问题的方法。有了循环整体的概念后，具体的循环语句只是不同的实现方法而已，其他两种可以让学生在实践中自学掌握，这样举一反三，既可以节省课堂教学时间，又锻炼了学生自学的能力，有利于学生综合能力的培养。

4. 在实践环节中强化计算思维能力的培养

从解决实际问题入手，通过实例掌握知识点，在培养计算思维能力的同时，学会程序设计技能，多动手勤练习，通过基本技能的训练培养计算思维能力。在实践环节中，对同一个问题采用多种不同解决方案，使学生体会算法的魅力，了解程序设计基础与程序设计语言的差异；可以通过对算法的分析、评价，了解程序设计的时间和空间的矛盾同一性，更要关心问题解决方法的可行性以及拓展性等，把计算思维的培养过程融入实践的各个环节。

5. 强化计算思维能力训练，提高学生学习兴趣

在教学中以问题处理算法为主要内容，选择那些具有实际应用背景、典型算法、技能性强的典型案例，如密码问题、素数问题、查找排序等，要求学生带着问题学，积极思考，与教师互动，尽量当堂学懂，突出思路形成过程训练，提高利用计算机来分析问题和解决问题的能力。采用由浅入深、课堂教学和自主练习的教学方式，充分利用程序设计算法的多样性，展现程序设计的魅力，激发学习兴趣，以培养学生提升计算思维能力，解决专业问题为目标，提高学生程序设计的综合能力。

6. 教学过程中采用启发式的教学方式

教学过程中采用适应计算思维能力培养的启发式教学方式，培养计算思维能力。计算思维不是要改变教学方式，而是继承传统教学方式的合理部分，增加适应计算思维能力培养的部分。

11.3 "Visual Basic程序设计"课程案例

▶▶▶ 11.3.1 课程描述

1. 课程概述

Visual Basic以可视化方式实现界面设计，以结构化的BASIC语言为基础，以事件驱动为运行机制，经过不断的升级与更新，发展为Windows下最重要的程序设计语言之一，不仅能开发小型计算软件，还可以开发与多媒体、数据库、网络等应用相关的大型软件，并凭借其鲜明的特点成为很多高校和专业的第一门程序设计语言课程。

本课程的教学应当秉承大学计算机基础教育的基本经验和规律——"面向应用，需求导向，能力主导，分类指导"。由于本课程的基础通识课性质及主要面向非计算机专业学生的特点，要求其必须从基础性和应用性的角度出发，不仅需要介绍程序设计的基本知识、基本语法、编程方法、常用算法等，更应当培养学生分析问题解决问题的能力。例如，对于界面设计与算法设计，介绍二者之间的关联，在程序设计的过程中将二者有机结合，使设计的应用软件内外兼修、和谐统一，满足实际应用的需求。与此同时，利用程序设计课程在计算思维培养中的重要性和特殊性，通过课程建设将计算思维要素充分渗透于课程的内容之中，以案例的方式将计算思维显式化和深入浅出地体现出来，真正通过课程的教学潜移默化地培养学生计算思维及其他各种科学思维的能力。从应用项目案例出发，总结信息行动的规律。通过学生的主动学习、思考，以及实践动手环节使其在学习、实践的过程中掌握知识，培养分析问题、解决问题的计算机应用能力，在将来的专业学习和职业生涯中，面临各种实际问题时可随时灵活应用其所掌握的知识和各项能力，高效地解决困难，为各领域输送高质量的具有计算机应用能力的人才。此外，针对不同类型高校和不同专业学生，应当分类教学，主要在内容上有所取舍和偏重，在教学方法上也应根据学生对象的不同而区别对待。

2. 课程目标

本课程主要面向综合性大学非计算机专业的本科生。

通过本课程的学习，使学生掌握计算思维最基本的内容，即如何将具体问题抽象化，构建解决问题的数学模型，设计相应的数据结构和算法，并利用具体编程语言Visual Basic实现程序的编写、调试和运行，在此过程中对所设计的算法进行评价和优化。因此，通过学习不仅能掌握一种具体的编程语言，更进一步深入了解计算机工作的基本原理和计算的本质，而且真正学会使用计算机对具体问题进行分析、解决，充分发挥计算机的性能，解决各种实际问题，进而培养学生的计算思维能力。为实现这一目标，必须辅以大量的实践训练，只有在不断强化的动手动脑训练的过程中才能将思维能力与行动能力有效结合，并内化为一种基本习惯，将计算的思想、方法、工具、知识、手段等随需应用于各领域之中。在培养计算思维能力和行动能力的同时，培养学生的自学能力、分析问题解决问题的能力、计算机应用能力、创新能力等多方面的能力。

▶▶▶ **11.3.2 课程教学内容**

"Visual Basic程序设计"课程教学内容见表11-2。

表11-2 "Visual Basic程序设计"课程教学内容

课程单元	能 力 要 求			学习案例	实践项目
	知识点	技能点	思维要素		
概述	计算思维基础知识；Visual Basic简介、集成开发环境、可视化编程基础	选择、评价、比较程序设计语言；编写、运行图形界面、面向对象的程序	评价、自动化、面向对象、可视化	简单的程序设计案例	—
算法与程序设计	算法的概念；算法的描述；算法的设计；算法分析和评价；创建应用程序的过程	设计简单问题的算法；生成可执行程序；生成程序安装包	抽象、规划、评价、设计、转换、封装	简单的交换；排序算法	—
用户界面设计	窗体；常用控件；其他控件；驱动器、目录与文件控件；通用对话框；菜单设计；多窗体程序设计；鼠标和键盘	图形界面的设计	封装、抽象、设计、评价、面向对象、可视化	简单的登录界面；字体设置对话框；调查程序；计时器；抽奖程序；报名程序；头像设置程序；图片浏览器	涂鸦软件；个人信息登记系统
VB语言基础	VB程序结构和编码规则；数据类型；常量与变量；运算符与表达式；赋值语句；公共函数	在程序中使用合适的数据类型；将数学公式转换为VB表达式；VB内部函数的灵活使用	抽象、封装、自动化	溢出；误差；类型转换	日历牌

续表

课程单元	能　力　要　求			学习案例	实践项目
	知识点	技能点	思维要素		
VB控制结构	顺序结构；选择结构；循环结构	按照给定的程序设计任务，使用相应的控制结构，设计、实现程序	抽象、封装、共享、简化、迭代、并行、穷举、简化	外汇计算；求最大公约数；求阶乘；国王的婚姻；求斐波那契数列前 n 项；级数求和	缴税额计算
程序调试	错误类型；VB调试工具；程序调试	对程序进行调试、测试	纠错、评价、简化	求素数；进制转换	—
数组	数组的概念；数组的基本操作；控件数组	固定大小数组的使用；动态数组的使用；控件数组的使用	抽象、简化、共享	随机生成互不相同的数；排序问题；查找与替换；找鞍点；打印杨辉三角形；围圈报数问题	计算器
过程	Sub过程的定义和调用；Function过程的定义和调用；参数的传递；递归过程和调用；变量的作用域	自定义过程和调用；自定义函数和调用；递归过程的实现	封装、抽象、递归、简化	求多个数的最小公倍数；哥德巴赫猜想；求斐波那契数列前 n 项；汉诺塔问题	—
文件	文件概述；顺序文件；随机文件；二进制文件	文件的打开、读/写、关闭；不同情况选择不同的文件打开、读写、方式	抽象、共享、安全	记事本软件	超市结算软件

课程单元	能力要求			学习案例	实践项目
	知识点	技能点	思维要素		
图形处理	图形处理基础； 绘图属性； 绘图方法	绘图控件的使用； 绘图方法的使用	抽象	绘制简单时钟； 绘制矩形、三角形； 绘制正弦函数曲线	绘制饼图
数据库应用基础	数据库基础； VB数据库访问	数据控件的使用； VB的ADO数据访问	抽象、简化、共享、安全	简单的数据库应用系统	—
综合案例项目	小型超市管理系统； 基于数据库的个人信息登记系统； 自主设计题目				

▶▶▶ 11.3.3　课程教学实施方案

1. 教学方法

本课程的教学采用案例与项目驱动的方式为主，具体操作上可根据教学内容的不同选择不同的教学方法。例如，在讲解语法规则时教师可以采用传统的讲授方式，以教为主，而在训练环节则完全以学生为主，教师为指导，设计从简到难的学习案例，囊括数值计算与非数值计算问题，各种经典算法，以及Visual Basic的基本内容；着重问题的抽象、算法的思考过程以及程序的实现，旨在将计算思维有机地融入程序设计课程的内容之中，提供给学生能够解决问题的方法。学生通过案例的学习，实际动手设计开发项目程序，实践训练的项目从模仿项目开始，课程每一章末尾都配有相应的练习项目，通过案例模仿，掌握知识、提升能力；课程的综合练习将学生之前模仿的案例联合构建为一个完整的大型项目，并以此为样例，布置学生完成给定项目和自主设计项目，以及创意项目的设计。其中创意项目是以学生兴趣和专业需求相结合的项目。该项目按照软件开发的流程进行设计，可由多名学生共同完成，并在课程最后安排学生进行项目介绍和涵盖创意、规划、分工、技术、经验等多方面的答辩交流活动。通过这种以学生教学生的教学方式，创造学生之间合作交流，相互学习的机会，旨在让学生深入体会用计算机解决实际问题的思路方法，将所知所能发挥于实际应用中，提高计算思维能力、行动能力、创新能力和合作精神。

与课程配套的实验课程内容划分为原理验证型实验、综合分析型实验、设计探索型实验、研究创新型实验，通过从模仿项目到设计项目再到创意项目的递进训练，辅以教师的指导和提炼升华，加上学生自身的领悟，相互之间的配合、帮助和借鉴等，就能很好地完成课程既定的教学目标。

2. 考核方式

配合教学方法的改革，在考核方式上，可以将平时训练、综合练习、自主创新设计项目以及常规的期中、期末考试各占一定比例作为衡量整个课程学习的标准。在考试上尽量做到平时怎么练，考试怎么考，这样不仅能与教学一致，也能考察学生的掌握度和熟练度。程序设计课程的考试一定要有在计算机上编写和调试程序的内容，纯粹的理论考核或填空式的程序考核都无法达到考查学生知识掌握、能力提升和灵活运用的目的。

3. 建议学时

理论教学32~48学时，实验教学必须保证30学时以上。

▶▶▶11.3.4　特色与创新

本课程包含计算思维基本内容、VB的语法规范、程序实例等主体内容。通过精心挑选的典型示例，构造解决问题的经典算法，将VB语言的特点和语法规则通过案例的形式呈现，并有意识地将计算思维表述体系里相关内容自然地融入其中。教学时以能力培养为核心，包括思维能力、行动能力、自学能力、分析问题解决问题能力、计算机应用能力、创新能力等多方面的能力，采用案例驱动的方法，打破以往教科书从知识点出发的教学模式，对原有的关于VB语法内容的介绍进行删减和规范，旨在让学生掌握程序设计语言最本质的内容，而非注重语言本身的细节，将掌握一门编程语言升华为理解抽象和自动化的真谛。例如，通过穷举法、回溯法、递归法、分治法、贪心法等经典的算法设计体现计算思维中几种经典思维，将这些经典算法和学生所熟知的排序问题、汉诺塔问题、国王的婚姻、背包问题等相结合，通过对这些具体问题的算法设计，让学生体会到如何选择合适的方法陈述问题，对一个问题或问题的相关方面进行建模，使其易于计算机处理的思想方法。通过一种具体的编程语言VB将算法转换为计算机可以执行的程序，并从程序的执行效率中折射出算法的好坏，从而对算法进行评价分析，体现出在时间和空间之间，在计算机处理能力和存储容量之间需要进行折中的思维方法。同时，随着问题的由简入难，复杂度逐渐提升，使学生掌握如何采用抽象和分解来控制庞杂的任务或进行巨大复杂系统设计的方法。通过上述内容，真正将计算思维的内容具体化，潜移默化地融入于程序课程之中，最终能沉淀于学生的脑海中，将计算思维内化为学生的一种思维习惯。根据计算思维的要素构造三个层次的案例，包括一个简单的计算问题案例、一个与专业相关的非计算问题案例和一个具有实际应用的案例，从而在强化计算思维要素的同时，通过案例的递进关系逐步深化对学生计算思维能力的培养。

此外，虽然本课程以Visual Basic 6.0为工具介绍课程内容，但教学时不要拘泥于版本和语言，作为学生所学的第一门程序设计语言，作为通识基础课，在课程中更应强调语言的通用性和可移植性，程序设计语言本身的一些共性和规律及其发展的趋势和影响因素，新技术在程序开发中的应用，以及其在前沿领域中发挥的重要作用等。特别应当针对不同专业的学生介绍如何与专业相关联，实现应用。例如，可将课程中学会的Visual Basic的基本内容扩展到对VB各种子集的使用，如Office提供的VBA（Visual Basic for Application）可针对具体需求在Office软件基础上进行二次开发；VB Script是常用的脚本语言之一，可与动态网页开发技术ASP一起使用实现网站开发；还有很多适用于各相关专业领域的VB开发包和针对性开发的VB控件或DLL文件等，这些均可帮助我们在专业领域中解决各种实际问题。学生不仅要学会简单编程和编程的思想，更要能具有"拿来主义"精神，即将计算思维迁移到非计算领域，借鉴计算的思想解决本专业的问题，实现思想的交融；将程序设计的方法用在专业研究上，实现方法的融通；打破学科的壁垒，相互促进实现交叉；将前人设计的模块修改组合，为自己所用，不仅要解决实际问题，还应当高效地实现。

11.4 "数据科学与大数据技术"课程案例

▶▶▶ 11.4.1 课程描述

1. 课程概述

大数据时代的到来使人们开始重新思考数据的价值和数据分析的重要性。事实上，我们每一天都在产生和获取大量的数据。但不幸的是，大部分数据在它们整个生命周期里从来没被考虑过产生任何价值，唯一的用途只有"保存备查"。尽管"啤酒与尿布"的故事已经写进教科书10余年，几乎每一个接受过专业教育的学生都知道数据挖掘能产生巨大价值，但直到今天，我们对数据的处理依然停留在按预定指标进行统计分析这样较低的水平上。

造成这种状况的原因有很多，其中很重要的一点就是数据技术与业务需求的脱节。通常具备数据技术的专业人才缺乏其他领域的业务知识，而相应领域的人员不了解数据处理技术能达到什么目的。在单位里，负责数据存储和处理的IT技术人员往往很难找到把数据库和数据挖掘技术应用在具体业务的合适需求；而试图想"用数据说话"和想在数据中发掘有用信息的业务和管理人员往往缺少必要的信息处理能力、数学建模能力和数据分析能力。即使是受过高等教育，学过高等数学和统计学的人，由于不熟悉现代的互联网和数据技术的发展，包括大数据时代的IT软硬件设备、分布式系统、大规模存储、数据挖掘方法等，对于算法的实现可能还停留在用C语言解决冒泡排序、鸡兔同笼和汉诺塔等"经典"问题的水平，很难具备解决日常生活、学习和工作的实际问题中的数据分析能力。这也正是新一轮大学计算机基础教育教学改革需要解决的重要问题之一。

本课程的核心思想是把数据科学作为一门大学计算机基础教育的通识课程，为学生全面讲述数据的整个生命周期，包括数据获取、数据存储、数据分析（挖掘）、数据可视化并最终把数据解决方案转化为可执行的业务解决方案的方法和过程。通过实际案例使学生了解大数据处理的基本方法和生态系统，掌握使用相关工具及算法解决学习、科研和工作中数据分析问题的综合技能，讲述大数据时代对处理非传统数据的"数量大"、"速度快"和"非结构"数据的新方法与新技术，培养学生的计算思维、数据思维和互联网思维能力，并通过数据科学为学生打通自然科学、社会科学与信息技术的鸿沟。

2. 课程目标

通过本课程的学习，使学生了解数据获取、数据准备、模型建立、数据可视化的主要方法、过程和技术；了解大数据分析的软硬件环境和生态系统；了解数据分析涉及的基本数学基础、统计学方法和计算机算法；了解数据库和数据仓库的基本操作；掌握使用Excel/SPSS/SAS/Matlab进行基本数据分析；掌握使用R语言进行基本的大数据分析和数据可视化；能够应用所学知识和技能针对具体案例选取适合的工具、模型和算法进行数据分析，并提供决策支持。在教学中，培养学生的计算思维能力，同时在"数据获取"部分融入网络思维，"数据存储"部分融入云思维，"数据挖掘"部分融入大数据思维。

▶▶▶ 11.4.2　课程教学内容

"数据科学与大数据技术"课程单元内容见表11-3。

表11-3 "数据科学与大数据技术"课程单元内容

课程单元	能 力 要 求			学习案例	实践项目
	知识点	技能点	思维要素		
数据采集	传感设备的数据实时采集； 互联网数据获取	传感器、RFID、嵌入式； 爬虫算法	物联网； 社交网络	物联网、智能城市示例 了解舆情分析	互联网数据采集（R或Python）
数据整合	跨平台、跨数据库多数据源的集成； 数据质量； 元数据	ETL（抽取转换清洗加载）； 数据血缘分析	批量计算； ETL的管理与调度、元数据	DW、DM的数据加载； 数据治理	Excel、Word, 数据库文件，微博数据整合
数据存储与计算	MPP架构分布式数据库； 数据仓库设计与管理（DW）； 数据安全	分布式数据库GP的搭建、开发与管理； 分析型系统的维度建模； 异地容灾、数据库备份恢复	MPP； 并行计算； 分布式； 商业建模； 冗余； 备份	大规模数据分析与决策系统的数据仓库平台	数据仓库搭建
数据分析	商业智能与多维分析（BI）； 数据挖掘； 数据可视化	OLAP模型； 数据挖掘算法（分类、聚类、机器学习）； R语言	分析与智能； 模型与算法； 决策与管理； 商业与应用	BI系统应用：仪表盘、管理驾驶舱、预测分析	R语言数据展示
大数据	大数据基础设施与计算平台； 虚拟化与云计算； 大数据整合与分析； 大数据应用	Hadoop生态系统； 云计算架构、虚拟化服务与管理； MapReduce计算框架、非结构化数据处理与应用； 基于内容的多媒体信息检索	决策； 服务	企业大数据平台、360客户全息视图与营销、人脸识别、图像识别、语音识别	舆情分析
综合应用项目	金融、电信、商务智能、生物制药、网络搜索 （学生可根据专业选择1～2个综合应用项目）				

➤➤➤11.4.3 课程教学实施方案

1. 教学方法

讲授式教学与实验教学相结合。先修课程和数据挖掘算法部分通过MOCC进行教学，建议采用翻转课堂教学。

2. 考核方式

笔试+案例大作业。

3. 建议学时

理论教学30学时；实验教学 30学时。

4. 支撑平台，教学资源

MOOC教学平台+课程网站。

➤➤➤11.4.4 特色与创新

1. 融入广义计算思维

数据分析原本不是计算机基础教学的内容，但在大数据时代，现代的IT软硬件平台、数据库、数据挖掘、Hadoop、MapRecude等跨学科综合技术，使数据科学越来越被关注和重视。同时，"数据科学"为计算机基础教学创造了一个历史机遇。数据科学会让计算机基础教学离"兴趣""应用""解决问题""创新""创业""职业技能"更接近。内容大众化，方法大众化，教育和时代紧密结合，让学生真切感觉到我们的教育在发展。本课程不仅要融入传统的计算思维要素，还将进一步融入、提升狭义计算思维以至于广义计算思维能力，例如：

（1）什么样的业务问题，可以转化成数据问题

大数据项目通常有其使命与目标，与业务需求保持一致。解决业务需求问题需要分析企业的业务战略，通过业务部门、客户和合作伙伴的调研和分析，总结对企业战略具有关键性意义的数据需求。例如银行的贷款业务，为了吸引更多的人办理贷款业务，增加收入，需要分析客户办理业务的数据，挖掘潜在客户。

（2）什么样的数据是可以计算的

数据来源、数据格式各式各样，数据库数据、文本、图片、音频、视频、HTML、XML、各类报表等。如何有效处理海量的结构化数据、半结构化数据，甚至非结构化数据成为一种巨大挑战。而Hadoop是基于一个低成本、灵活、高可扩展的分布式文件系统，能使非结构数据处理从传统数据库"笨拙"的ETL工作中解放出来。

（3）什么样的方法转化为可执行的业务解决方案

采用什么样的方法有效地分析海量数据，这需要数据挖掘、统计学相关的知识；

数据分析的结果如何被有效的解读，得出最终的业务解决方案，还需要具备相关领域的专业知识。然而采用什么样的方法能使决策者更清晰的阅读数据是非常关键的问题，所以为了让数据"说话"，可采用R语言，将数据用图表的形式生动直观的表达。

2．提升技术应用能力

本课程致力于提高学生的计算机综合应用能力。当然，学习本课程需要有一定的网络、高等数学、统计学、数据库等背景。大数据涉及的不仅是数据分析，还包括数据挖掘、商务智能和新技术与新的思维方式。而这样的技术和思维方式，不只是提升计算机技术应用能力，同时提升了专业能力和管理能力，甚至是生活能力和创业能力。

3．新的技术发展应用

本课程将介绍大数据背景下的新技术体系。现有大学计算机基础课程在介绍大数据时，都是"普及性"和"杂志性"的写法，本课程通过具体案例的形式使学生具备在真实场景下应用大数据技术并解决实际问题的能力。另外，本课程关注当前主流技术，使学生真正融入当前的大数据环境中，切实体会学习的价值。

4．教学方法

除了传统的"启发式"和"案例式"教学法，我们将着重引入"批判式"和"创新式"教学法。所谓的批判式教学法，即教师给出一些真实的数据分析案例，让学生讨论现有分析的弊端或局限性，并提出更好的解决方案。创新式教学法是指，在数据分析实验过程中，没有标准答案，学生需要自己建立模型，选取算法，有能力的学生甚至可以改进算法，并给出相应的解决方案。

此外，在教学过程中将与企业合作，进行基于真实案例的实践教学。

11.5　"计算机网络技术"课程案例

▶▶▶ 11.5.1　课程描述

1．课程概述

计算机网络技术是计算机技术和通信技术密切结合而形成的新兴技术领域。随着互联网的迅猛发展，网络技术在信息社会中得到广泛应用并已成为计算机学科中发展最为迅速的技术之一。

"计算机网络技术"课程是一门理论性和实践性均较强的课程，其涉及面广，课程设置的目的是使学生深入认识和使用计算机网络，并培养他们利用计算机网络知识处理和解决实际问题的能力。该课程围绕培养学生计算机网络应用能力这一中心，改变以往的"计算机网络技术"课程主要以理论讲授为主的教学方式，将实际需求融入教学中，增强思考和实践环节，实现教和学的有机结合。在讲授计算机网络技术基础理论时，遵循"基础知识够用"的原则，以培养网络思维和应用能力为主线，强化实验和实践教学，通过案例、课程设计和任务驱动的项目训练，使学生理论联系实际，加强对理论知识的理解，并提高学生的实际动手能力和解决问题的能力，更好地理解和掌握网络技术。

计算机网络技术课程的主要内容包括：计算机网络定义与功能、计算机网络的分类和拓扑结构、数据通信基础、网络体系结构和协议、OSI参考模型、以太网、交换式局域网、无线局域网、网络互连设备、广域网、因特网、TCP/IP协议、网络操作系统、常用应用层协议和服务器架设、网络安全技术、网页编程技术等。

2. 课程目标

课程围绕培养学生计算机网络应用能力以及网络思维这一中心，通过理论和实践相结合的教学方式，使学生体会面向互联网的思维模式，在理解计算机网络基本概念和原理的基础上，不仅掌握运用所学知识搭建、配置、管理和维护网络的技能，而且为以后充分运用计算机网络技术解决专业问题及实现基本的网络技术应用奠定基础。

通过该课程的学习，使学生掌握计算机网络的基础知识和工作原理，了解计算机网络最新技术（如IPv6、P2P技术、物联网等），重点掌握Internet和局域网工作原理，在此基础上，掌握处理网络问题的基本方法，面对不断变化的网络技术，具备跟踪和继续学习的基础与能力。同时通过各种实验和课程设计的锻炼，使学生掌握网络系统架构、网络设备、组网技术和网络管理工具，具备网络组建及IP网络技术应用等实践技能。

▶▶▶ 11.5.2　课程教学内容

"计算机网络技术"课程教学内容见表11-4。

表11-4　"计算机网络技术"课程教学内容

课程单元	能　力　要　求			学习案例	实践项目
	知识点	技能点	思维要素		
计算机网络基础知识	计算机网络发展；计算机网络定义与组成；计算机网络功能与应用；计算机网络分类与拓扑结构；计算机网络的性能指标；数据通信基础	使用Visio绘制网络拓扑；了解常用的传输介质	通信 共享	—	使用即时通信软件，使用FTP软件共享文件以及使用在线学习网站等

续表

课程单元	能　力　要　求			学习案例	实践项目
	知识点	技能点	思维要素		
网络模型与协议	网络体系结构与协议；OSI参考模型；TCP/IP体系结构	—	分层；约定；封装	组建双机互连对等网络，使用WireShark查看数据包	—
局域网技术	局域网定义与拓扑结构；局域网参考模型与协议；传统以太网；高速以太网；交换式局域网；无线局域网	认识常用局域网设备	分层；协调；交换	利用集线器组建以太网，使用Sniffer Pro查看链路数据帧	利用交换机组建交换式局域网、组建和配置无线局域网
网络互联与广域网技术	网络互联概述；网络互连设备；广域网定义与组成；广域网原理和分类；帧中继网；ATM网	认识常用网络互连设备	分层；交换	利用路由器互联局域网	—
因特网与TCP/IP	IP协议与IP地址；地址解析协议；网际控制报文协议；网络地址转换与IPv6协议；TCP协议及UDP协议；因特网路由选择协议	掌握IP地址的配置；掌握ARP、ping等网络命令	按址访问；记忆；简约；简化；面向连接；无连接	IPv4和IPv6网络参数的配置，使用WireShark查看数据包	实现Internet的接入
网络操作系统与网络管理	网络操作系统概述；Windows Server 2008系统管理；Red Hat Enterprise Linux 5系统管理；网络管理简介；简单网络故障排除	掌握常用网络命令	调度；评价；分解	Windows Server 2008、Red Hat Enterprise Linux 5系统活动目录、用户、磁盘、文件系统等管理	使用操作系统命令逐步定位网络故障

续表

课程单元	能 力 要 求			学习案例	实践项目
	知识点	技能点	思维要素		
网络服务与服务器架设	域名和DNS协议； WWW服务和http协议； FTP协议； 电子邮件与SMTP、POP3协议； 远程访问与Telnet； 多媒体服务； 即时通信服务； P2P技术	—	协议	DNS服务器的架设、Web服务器架设、FTP服务器架设、邮件服务器架设、多媒体服务器架设、即时通信平台架设	实现常用服务器的架设
网络安全技术	网络安全基本概念、术语； 数据加密技术； 数字签名和数字证书； Web安全与SSL协议； 防火墙； 主机安全技术与病毒防护	掌握网络操作系统的安全设置及简单病毒的手工清除方法	转换； 过滤； 特征识别	Windows VPN服务器的架设，Windows防火墙的配置	使用加密软件，"小邮差"病毒检测
网页编程技术	网页编程概述； Web三层结构； HTML语言； 动态网页开发语言	掌握某种语言，如JSP、ASP、PHP	分层； 静态描述； 动态交互	制作HTML页面； 制作动态页面	搭建网站
综合应用项目	搭建小型局域网，网络内部搭建FTP、电子邮件、即时通信等服务器，并实现内部用户的无线访问，同时设置安全网关接入Internet，并架设WWW服务器对外提供WWW服务				

▶▶▶11.5.3 课程教学实施方案

1. 教学方法

本课程以网络的基本必需理论为基础，以培养学生计算机网络应用能力为目标，突出网络思维，采用"以用促学"方式增强学生对理论知识的理解，引导学生从任务中发现问题、分析问题和解决问题，培养学生的基本信息素质和信息行动能力。

在教学过程中借助现代教学技术和手段，引入各种丰富的案例和实训项目，以能力培养为核心，采用如下教学方法：

（1）运用现代教育技术手段进行数字化教学

采用多媒体系统构建数字化教学环境，将真实环境的操作演示与多媒体课件的讲授相结合，使教学更具直观性和互动性，从而激发学生的学习兴趣。并依托校园网及本课程提供的网络课堂构建自主学习平台，实现环境、资源、活动全面数字化，最终实现教育过程的信息化。

（2）采用案例实践教学法

根据课程内容的规划，每部分教学内容都以网络应用为背景。提出需求，设立案例，引导学生预查相关资料提出解决方案；组织学生进行讨论，形成最终的解决方案。同时，以类似的案例作为学生的作业，鼓励学生独立完成，有效地调动学生的学习积极性，促进学生积极思考，激发学生的潜能，提高学生对所学知识与技能的实际应用能力，培养学生分析问题与解决问题的能力。

（3）采用虚拟化技术扩展教学环境

在涉及操作系统技术、服务器技术、网络管理、网络软件等教学内容的过程中，采用目前先进的服务器或工作站虚拟化技术，将一台计算机虚拟成多台，方便学生在一台计算机上完成多台计算机的互连和操作。另外以高仿真软件Packet tracer为工具，促使理论教学与实践教学一体化，将"教""学""做"相结合，实现了讲练结合，学做合一。

2．考核方式

根据教学内容的构成，在理论考核的基础上充分考虑实践能力的锻炼，体现学生的综合能力。课程考核分为三部分：平时考核、项目考核与期末考核。平时考核包括学习态度、学习表现、作业文档；项目考核包括任务完成情况、组织情况、实施情况；期末考核主要是理论笔试考核。三部分成绩的组成比例为10%、40%、50%。

3．建议学时

理论教学24学时，实验教学8学时。

▶▶▶ 11.5.4　特色与创新

本课程以培养学生计算机网络应用能力为目标，在讲授网络基本原理和概念的基础上，通过一些实际案例来呈现网络解决方案、应用技术等内容，使学生理论联系实际，加强对相关原理的理解，提高学生的实际动手能力和解决网络问题的能力，不仅掌握运用所学知识搭建、配置、管理和维护网络的技术，而且为以后充分利用计算机网络解决专业问题奠定基础。

　　在教学中，注重提炼所体现的网络思维，引导学生体会面向互联网的思维模式，掌握该领域解决问题的基本思维方法和特点，感受网络思维的科学性与普适性，从而提高学生的网络思维能力和科学素养。另外，本教材适当介绍计算机网络中的新技术，如IPv6、P2P技术以及物联网等，使学生能了解、跟踪和应用最新网络技术。

　　在课程教学中，采用"以用促学"方式增强学生对理论知识的理解，引导学生在完成任务的过程中发现问题、分析问题和解决问题。通过引入各种案例和实训项目，调动学生的积极性，提高学生对所学知识与技能的实际应用能力，培养学生的基本信息素质和信息行动能力。

11.6　"艺术与多媒体技术"课程案例

▶▶▶ 11.6.1　课程描述

1．课程概述

　　多媒体技术是指采用计算机对文字、图形、图像、动画、声音等多种形式信息进行综合处理的技术，使用户可以通过视、听、说等多种感官与计算机进行信息交互的技术，又称计算机多媒体技术。

　　随着现代电子技术、网络技术、显示材料技术、传感器技术等新技术的迅猛发展，多媒体技术在云计算、人机交互、虚拟现实、游戏娱乐、远程医疗、在线教育、电视会议、协同工作等方面具有非常广阔的应用前景，多媒体技术被列入计算机基础课程体系中的核心课程。

　　本课程属于计算机基础通识课，教学对象是非计算机专业学生，教学目的是使学生理解和掌握多媒体技术的原理和方法，具有应用多媒体技术完成工作的能力。

　　本课程的指导思想是突出"基础"和"应用"。在介绍多媒体技术知识结构体系的同时，强调综合应用多媒体技术的能力。在强调应用的方面，本课程不单纯侧重讲授多媒体工具的使用，还重点讲授诸如：为何采用某种多媒体技术？怎样才是"好"的应用？如何综合运用多媒体技术？多媒体应用的局限性在哪里？怎样才能突破局限性等方面。

　　课程采用案例教学方法，通过多媒体设计作品制作的项目实例，融合艺术创作理念，将计算思维的基本方法融入教学过程。采用传统方法进行艺术创作时，需要艺术设计理念和精湛的才艺技巧；现代多媒体技术不仅极大地扩展了传统的创作领域，而且极大地提升了想象的空间，充分运用多媒体技术可以弥补艺术技巧的不足，但同时也必然受到软硬件条件的限制。

本课程将充分展现现代多媒体技术的原理和方法，以及它们如何改变我们的生活，如何改变我们的设计理念、艺术创作技巧。

2. 课程目标

本课程的目标是使学生能通过本课程的学习，了解现代多媒体技术的最新进展，掌握多媒体技术的原理和方法，通过典型案例教学，融入艺术设计理念，展现计算思维的基本内容，从而了解到多媒体技术的本质，以便更好地掌握多媒体技术的运用方法。

多媒体技术的应用范围非常广泛，在人机交互、虚拟现实、游戏娱乐、远程医疗、在线教育、电视会议、协同工作等方面具有非常广阔的应用前景，大量的软硬件产品层出不穷，这些多媒体技术的发展，本质上是计算机技术在不同领域中的应用，只有揭示各种多媒体技术背后的原理和方法，才能展现多媒体技术的本质，深入理解计算思维的概念。

本课程在阐述多媒体技术原理和方法的同时，还将培养学生的设计思维，了解艺术创作理念，进一步培养学生的计算机应用能力和创新能力。

11.6.2　课程教学内容

"艺术与多媒体技术"课程教学内容见表11-5。

表11-5　"艺术与多媒体技术"课程教学内容

课程单元	能　力　要　求			学习案例	实践项目
	知识点	技能点	思维要素		
概述	科学与艺术； 多媒体技术概述； 多媒体技术的关键技术； 多媒体技术的应用领域； 多媒体技术发展趋势	—	抽象、自动化	展示丰富案例	
第一部分 平面设计					
文字处理技术	文字的编码； 文字的形象艺术； 文字的识别； 手写体的识别	字体造型设计； 文字识别方法	编码； 转换	更换字体； 文字识别软件	制作自己的个性化名片

续表

课程单元	能力要求			学习案例	实践项目
	知识点	技能点	思维要素		
图形图像处理技术	位图图像与矢量图形；图像格式与图像文件；矢量图形格式与图形文件；色彩原理；颜色空间；图像处理技术；Photoshop；CorelDraw	理解图形处理的原理；理解图像处理的原理；学会基本使用Photoshop；学会基本使用CorelDraw	编码；表示；重用	Illustrator制作案例；Photoshop制作案例；CorelDraw制作案例	制作电影宣传海报
平面设计综合技能	平面构成；版式设计；色彩设计；平面设计应用——PPT设计（PPT）；平面设计应用——网页设计（Dreamweaver）；平面设计应用——名片设计（Photoshop）；平面设计应用——海报设计（Photoshop）	使用PPT；学会基本使用Dreamweaver	设计思维；计算思维；重用	PPT制作案例；Dreamweaver制作网页案例；Photoshop制作案例	制作旅游风光宣传片（PPT）
第二部分 三维设计					
三维模型设计	三维造型设计；计算机辅助设计；结构设计；三维人体模型	3D模型建模；产品造型	负载；仿真；效率	AutoCAD使用案例	—
虚拟现实技术	三维建模技术；立体显示技术；虚拟现实关键技术；虚拟仿真技术；虚拟漫游技术；增强虚拟现实	3D模型建模；三维场景建模	负载；仿真；效率	使用3DMax案例；使用Maya案例；使用Unity3D案例	使用Unity3D完成一个手表展台设计

续表

课程单元	能力要求			学习案例	实践项目
	知识点	技能点	思维要素		
第三部分 音频处理技术					
声音处理技术	声音的三要素；音频的编码与压缩；数字音频；数字广播；音频的编辑与处理；语音合成	使用录音设备；转换音频格式	表示；编码；转换；压缩；效率	格式转换软件	—
数字音乐	音乐的和弦；电子合成音乐；电子谱曲	使用电子谱曲	重用	使用音乐处理软件	使用Overture制作曲谱
第四部分 动漫游戏与数字电影					
动漫与游戏	计算机绘画；动画制作流程；游戏设计流程	学会使用Flash	重用；仿真；效率	Flash制作案例	飞翔的小鸟游戏制作（Flappy Bird游戏）
数字电影制作与特效	数字影视概述；数字电影的制作流程；剪辑；后期加工与特效；背景音乐与音效加工；数字电影发行	学会使用After Effect；学会使用Premiere；学会使用Final Cut pro	重用；仿真；效率	After Effect制作案例；Premiere制作案例；Final Cut pro制作案例	数字电影片段剪辑
流媒体处理技术	流媒体；数据压缩；流媒体技术应用	架设自己的电台；架设自己的电影演播系统	效率	使用网站架设电台案例；使用网站架设电影点播系统案例	—
第五部分 多媒体的前沿技术					
人际交互技术	语音识别；动作捕捉；3D打印；视觉跟踪；多通道交互技术；立体视觉	—	并发；同步；动态；绑定	人际交互产品介绍	—

续表

课程单元	能力要求			学习案例	实践项目
	知识点	技能点	思维要素		
多媒体检索技术	音频检索；图像检索；视频检索	音频检索；图像检索；视频检索	检索	检索图片	—
多媒体技术的前沿	数字娱乐；体感交互；互动电视；数字街景；虚拟旅游；穿戴设备	—	编码；通信；压缩	了解多媒体技术的发展和前沿	—
综合应用项目	Unity3D小游戏；9 min数字电影制作				

▶▶▶ 11.6.3　课程教学实施方案

1. 教学方法

本课程教学根据教学学时的不同，选择不同的单元。

在讲解多媒体技术的原理和方法时，以讲授为主。

在展示多媒体技术案例时，以点评为主，建议以互动讨论为主。

在进行案例教学时，以学生自学为主。

课程要求学生通过教师展现案例，了解和掌握多媒体技术的应用示范，能够通过自主学习，实际动手设计多媒体作品。

课程每一章都配有相应的练习项目，通过案例模仿，掌握多媒体软硬件的应用。

课程的综合练习为设计一个多媒体作品，涉及元素较多，可以由多名学生分组完成，充分调动学生的积极性和创新能力。

2. 考核方式

配合教学方法的实施，在考核方式上，建议分为两个部分：

第一部分为基本知识：包括基本概念、原理与方法，多媒体技术的领域知识，以及多媒体关键技术等内容。

第二部分为应用技术：可以分成两个层次的能力考核，基本操作能力和综合运用能力，分别对应普通设计作品，以及多媒体综合设计作品。

可以将基本知识、基本技能和综合技能以及常规的期中、期末考试各占一定比例作为衡量整个课程的标准。

在考试上最好能做到基本知识和技能点考核分开，不仅让学生理解和掌握多媒体技术的基本原理和方法，也能让学生在一定程度上具备运用多媒体技术的能力。

3. 建议学时

理论教学32~48学时，其中课外自习学时应保证在30学时以上。

▶▶▶ 11.6.4 特色与创新

本课程立足于较为全面地介绍设计艺术创作过程和计算机处理多媒体数据的实现方法，使学生掌握使用计算机多媒体各类工具进行设计艺术创作的能力，提供各类艺术创作的入门实践指导，以便学生自主地、有选择地在高年级进行更加有针对性地实践。

创新点：

1. 面向知识与技能的结合

比较全面地介绍计算机多媒体技术的方法与原理，通过相关制作实例介绍了相关设备及软件工具，初步培养理工专业学生进行设计艺术创作的能力。

2. 面向多种艺术门类

比较全面地介绍了计算机多媒体在较为常见的音乐、平面设计、动画、游戏、电影制作等艺术门类方面的应用，有利于培养学生的复合思维和设计艺术的创作能力。

3. 面向计算思维

注意引入计算思维，培养学生在进行设计艺术创作时充分了解计算思维，知晓计算机在艺术创作中的优势与不足，更加有效地利用计算机软硬件来进行创作。

4. 面向设计思维

注意结合设计思维，培养学生在进行设计艺术创作时符合艺术创作规律，培养进行创意思考的能力。通过计算思维与设计思维的结合，培养具有科学素养和艺术修养的复合型人才。

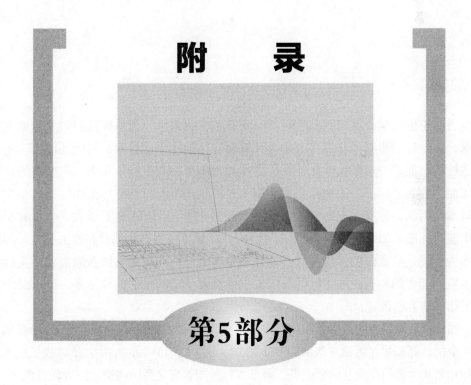

附　　录

第5部分

附录A 《大学生计算机基本应用能力标准》

1. 总则

当前正值大学计算机基础教育新一轮改革深化之际，为适应社会对复合型人才的需求，需要进一步巩固和提高大学生计算机应用的水平。目前，国内还没有一个具有普适性的，能统一规范大学生计算机应用能力水平，并提供毕业生入职必备的计算机应用能力的参考标准。因此有必要研制一个科学先进的、具有可操作性的大学生计算机基本应用能力标准，为大学生计算机能力水平提供系统的参考。《大学生计算机基本应用能力标准》适用于本科（文科、理科）、高职等各类高等教育在校大学生，同时也可作为全民信息素养的评价参考。该标准有利于规范和促进全国普通高校学生计算机基本应用能力的均衡发展，完善我国大学计算机基础教育的标准体系，进而最终推动全民信息素养的提升。

在标准研制过程中，以我国初高中《信息技术课程标准》（必修课部分）为基础，参考《全国计算机等级考试一级MS Office考试大纲》（2013年版），并大量吸收了广大一线教师和领域学者的经验及研究成果，力求本标准能够立足我国国情，贴近教育现状。

同时借鉴美国大学计算机基础教材《理解计算机的今天和未来》（"Understanding Computers: Today and Tomorrow , Comprehensive"）（14版）（简称"美版教材"），以及国际权威的国际互联网和计算核心认证全球标准（Internet and Computing Core Certification Global Standard 4，IC^3），合理体现信息技术发展对人才的需求变化，使本标准能够与国际水平接轨，并体现计算机领域的发展趋势。

本标准依据计算机应用能力体系框架（详见第3章的相关内容）划分为两个能力层次和五个能力模块：第一层次是计算机基本操作能力，包括"认识信息社会"、"使用计算机及相关设备"、"网络交流与获取信息"和"处理与表达信息"四个模块；第二个层次是软件工具应用能力，相应的模块是"典型综合性应用"，包括十二个典型综合性应用任务。

2. 引用标准

本标准的编写参考了以下三种国内外标准或主流教材：

国际互联网和计算核心认证的全球标准4（Internet and Computing Core Certification Global Standard 4，IC^3-GS4）。

全国计算机等级考试（National Computer Rank Examination，NCRE）一级MS Office考试大纲（2013年版）。

美国大学计算机基础教材《理解计算机的今天和未来》（"Understanding Computers — Today and Tomorrow Introductory"）大纲。

3. 程度等级说明

本标准按"了解""理解""掌握""熟练掌握"四个等级标明各项主要内容应达到的要求。

了解：指学习者能辨别科学事实、概念、原则、术语，知道事物的分类、过程及变化倾向，包括必要的记忆。

理解：指学习者能用自己的语言把学过的知识加以叙述、解释、归纳，并能把某一事实或概念分解为若干部分，指出它们之间的内在联系或与其他事物的相互关系。

掌握：指学习者能根据不同情况对某些概念、定律、原理、方法等在正确理解的基础上结合实例加以应用。

熟练掌握：指学习者能根据所掌握的某些概念、定律、原理、方法等在正确理解的基础上结合实际加以综合应用，能分析、解决实际工作中存在的问题。

4. 核心内容

本标准在整体结构上分为两个层次，五个模块，如图A-1所示。第一个层次是计算机基本操作能力，分为"认识信息社会"、"使用计算机及相关设备"、"网络交流与获取信息"和"处理与表达信息"四个模块，并进一步划分为二十个子模块；第二个层次是软件工具应用能力，相应的模块是"典型综合性应用"，包括十二个典型综合性应用任务。

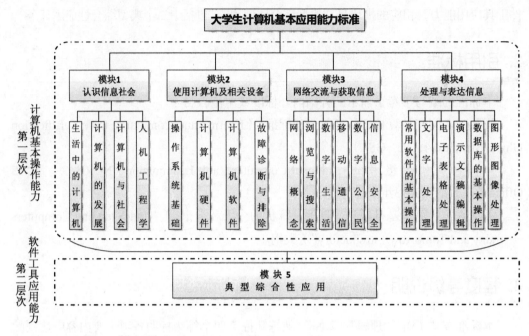

图 A-1

➤➤➤4.1 认识信息社会

本模块涉及对计算机的历史、现状与未来趋势的了解，对计算机在信息社会中重要角色的认识，以及对人机工程学的了解。

4.1.1 生活中的计算机

（1）计算机的生活应用

理解为什么要了解计算机；了解计算机在生活、教育、工作及其他方面的应用。

（2）计算机的类型

了解不同的计算机类型，如嵌入式计算机、个人计算机与移动设备（如台式计算机、笔记本式计算机、平板电脑、智能手机等移动设备）、服务器、大型计算机和超级计算机。

4.1.2 计算机的发展

了解计算机历史发展简况；了解当前热点（如移动互联、物联网、云计算、大数据等）；了解技术发展趋势和未来的信息社会。

4.1.3 计算机与社会

理解计算机的特点；理解信息社会的益处与风险（安全和隐私问题）。

4.1.4　人机工程学

了解显示器的高度与角度；了解鼠标和键盘的使用；了解座椅、照明、身体姿势等因素对健康使用计算机的影响。

▶▶▶4.2　使用计算机及相关设备

本模块涉及对计算机操作系统、硬件和软件的基本概念、功能与基本操作的认识和掌握，以及对计算机维护（包括使用注意事项和常见故障的排除）的了解和掌握。

4.2.1　操作系统基础

（1）定义与作用

理解操作系统的基本概念和功能；掌握常见操作系统的类别（个人计算机与服务器的操作系统，手机及其他设备的操作系统，大型计算机的操作系统）。

熟练掌握开机、关机、登录、注销、切换用户、锁定及解锁。

理解应用软件和操作系统的区别，理解软件与硬件的关系。

（2）管理文件和文件夹

熟练掌握菜单、工具栏、导航和搜索的使用；熟练掌握文件夹视图；熟练掌握文件及文件夹的复制、移动、剪切、粘贴、重命名及删除；熟练掌握快捷方式的创建和使用；掌握键盘快捷键的使用；熟练掌握显示和识别文件的属性及类型；了解常用扩展名及含义（如.docx, .xlsx, .exe, .swf, .pdf, .text, .rar/.zip, .jpg, .tif, .mp3, .m4a, .avi等）。

（3）配置计算机

熟练掌握Windows开始菜单和任务栏的使用；掌握应用程序的运行和退出；熟练掌握桌面可视化选项的设置；熟练掌握系统语言、日期和时间的设置；熟练掌握控制面板的使用；了解操作系统辅助功能选项；熟练掌握输入法的安装和设置；掌握电源管理（包括电源状态检查、电源选项设置及切断电源）。

（4）使用权限

了解组策略（特别是移动组策略）；掌握读/写权限；掌握安装和卸载软件涉及的权限；熟练掌握文件和目录的使用权限。

4.2.2　计算机硬件

（1）常用计算机术语

理解中央处理器，包括处理速度（千兆、赫）、高速缓存（Cache）。

了解显示器和投影（包括彩色和单色显示、屏幕分辨率、适配器、接口和端口、有线和无线显示、2D和3D显示、触摸和手势功能）；熟练掌握鼠标、键盘和打印机（包括个人与网络打印机、打印分辨率、打印速度、连接选项）的使用；了解3D打印，了解其他输入/输出设备（包括传声器、扬声器、触摸屏、图形输入设备、扫描仪、条形码读取器等）。

理解存储设备（易失性存储和非易失性存储）；了解随机存储、温式硬盘、固态硬盘、只读存储；了解网络存储与在线云存储；掌握闪存（闪存卡与读卡器、USB）和光驱（只读、可写与可重复读写光驱）的使用；了解二进制的概念、整数的二进制表示、西文字符的ASCII码表示、汉字及其编码（国标码）、数据的存储单位（位、字节、字）；理解存储容量单位[百万、千兆、太、一千兆、比特（位）与字节]。

（2）计算机的性能

理解计算机以及外围设备的性能指标；理解存储设备对计算机性能的影响；理解特定设备的优势与劣势；理解处理器、内存与存储设备的区别。

4.2.3　计算机软件

（1）软件的类型

了解不同的软件类型，如桌面软件与移动设备软件、下载软件与在线软件、商用软件、免费软件与付费软件、开源软件。

（2）许可证

了解软件的终端用户许可协议（EULAs）、站点许可证、单用户许可证和组许可证。

（3）软件的管理与使用（使用特定工具完成特定任务）

熟练掌握软件的安装、卸载、重装和更新；了解软件版本对硬件型号的要求。

了解常见的文字处理软件、电子表格软件、演示文稿软件、数据库软件和多媒体处理软件，并掌握它们的基本应用；了解其他类型的常用软件（包括娱乐软件、桌面与个人发布软件、教育和参考软件、笔记软件与网络笔记本、统计与个人财务软件、项目管理软件、协作软件和远程存取软件、系统优化软件、数据分析与处理软件）的功能。

（4）软件工具

熟练掌握文件压缩与解压缩操作及压缩包的更新；掌握磁盘管理、检测清除计算机病毒和恶意软件的使用。

4.2.4　故障诊断与排除

（1）常见操作系统的维护

熟练掌握操作系统的版本更新；理解安全模式；掌握知识库和帮助的使用；掌握任务及进程管理。

（2）常见硬件及设备的维护

了解硬件、设备固件更新；掌握线缆及接口连接；理解操作系统版本与设备兼容；掌握驱动程序的安装和使用。

（3）备份与还原

了解系统备份与还原；掌握系统备份与还原的方法。

▶▶▶4.3 网络交流与获取信息

本模块涉及对网络的认识、网络连接与使用的掌握；对搜索和鉴别信息能力的掌握；对现代网络生活的认识以及常见在线互动的掌握；对在线生活的规则、标准等数字文化的认识，以及对网络安全相关的安全技术和安全立法的了解和掌握。

4.3.1 网络概念

（1）因特网连接

了解因特网的基本概念（覆盖范围、带宽、传输方式等）；了解接入因特网的方式（宽带连接、无线上网和无线热点等）；了解网络硬件（网络适配器、调制解调器、路由器、交换机等）；了解无线网络的安全性；了解防火墙和网关的应用。

（2）网络类型、特征、功能

了解公共交换网；了解域名服务系统（DNS）；了解寻址方式；理解局域网和广域网的区别；了解虚拟专用网络（VPN）。

（3）网络故障排除

掌握简单网络问题的排除；熟练掌握IP地址的使用。

4.3.2 浏览与搜索

（1）区分因特网、浏览器、万维网

理解因特网、浏览器、万维网的概念及三者之间的区别；掌握因特网、浏览器及万维网的使用。

（2）导航

理解域名中.org、.net、.com、.gov、.edu等的含义及域名中的国家代码；熟练掌握浏览器的选项设置；熟练掌握主页、后退、前进、刷新的功能；熟练掌握搜索功能；掌握超链接的使用；掌握收藏夹、书签和标签的功能；理解插件；掌握历史记录的查看和删除；熟练掌握各类文件的下载与上传。

（3）使用搜索引擎

熟练使用搜索引擎获取知识、解决问题；熟练掌握分类搜索（如文件、图片、多媒体等）；掌握搜索策略（如使用短语、布尔运算符、通配符等）。

（4）评价搜索结果

理解不同来源搜索结果的可信度，如论坛、广告、友情链接、知识库、合法性来源、文章等。

4.3.3　数字生活

（1）电子邮件及其管理

熟练掌握电子邮件的使用，包括账号设置、信任设置、邮件主题、邮件正文、回复、回复全部与转发、抄送与密送、邮件附件、地址簿（通信录、组列表等）。

掌握自动回复、外出时自动回复（外出时辅助程序）和自动转发的设置；掌握签名的设置；掌握个人文件夹和存档的设置；了解邮件与垃圾邮件、群发邮件与群发垃圾邮件的区别。

（2）其他类型的在线交流

掌握即时通信与短消息发送的应用，如Skype、QQ、微信、Windows Live Messenger等即时通信软件，短信和彩信（多媒体短信）；了解实时视讯的应用，如Skype视频通话、网络语音电话和视频会议；了解博客和社交网络（如微博、人人网、QQ空间）。

（3）在线生活

了解在线购物与在线拍卖、网上银行与网上投资、在线娱乐（音乐、电视、电影、游戏等）、在线新闻与信息（门户网站、RSS订阅、政府和公司资讯等）、在线教育与写作（在线培训、远程学习、在线测验等）等。

（4）共享文档

掌握共享的方式，包括用电子邮件共享、用网络存储共享、云共享。

4.3.4　移动通信

（1）认识移动互联

了解移动互联网的概念、特点及其与互联网的区别；了解移动通信的概念和特点；了解移动通信的技术发展（1G、2G、2.5G、3G和4G）；认识移动互联和移动终端的流行与发展趋势；了解热门移动终端的种类（如智能手机、平板电脑、智能手环、智能手表等）、特点及常见功能；掌握移动终端常见操作系统的使用（如iOS、Android等）。

（2）移动终端的基本应用与维护

掌握适用于移动终端的软件的下载、更新、卸载；掌握移动终端的常见应用，如拍照、社交、记录、分享、搜索、编辑、支付等；了解移动终端的常见问题排查、维护和升级；理解移动终端的安全性。

4.3.5　数字公民

（1）通信标准

熟练掌握拼写规则（包括全部大写与标准大写的区别）；理解口头与书面通信、

职场与私人通信的区别；了解在线互动中的道德（如垃圾邮件、网络论战、恐吓、诽谤、中伤等）。

（2）合法尽责使用计算机

了解审查制度；了解过滤的作用；了解知识产权、盗版及版权使用；了解许可与知识共享的区别。

4.3.6 信息安全

（1）安全访问和数据保护

掌握安全的电子商务网站和安全的Web页面的识别；熟练掌握URL组成部分的含义；了解存取控制系统，如信息访问系统（如密码）、对象访问系统（如指令卡、门禁卡等）、生物访问技术（如指纹识别、眼膜识别、面孔识别等）、控制访问无线网络；了解硬盘、闪存、移动硬盘的残留数据；了解信息记录程序（Cookies）。

（2）常见的安全威胁

了解常见的安全威胁，如黑客、僵尸网络、计算机病毒、网络盗窃、网络钓鱼、网域嫁接、在线拍卖欺诈等。

（3）常见的网络安全技术

了解常见的网络安全技术，如个人防火墙、加密和VPN、病毒防护、间谍软件防护、反钓鱼工具、数字证书和数字签名等。

（4）信息安全法律与伦理

了解互联网管理与信息安全方面的法律法规和道德伦理。

▶▶▶ 4.4 处理与表达信息

本模块涉及利用计算机对信息（包括数据）的管理、分析、处理和展示的能力，包括对常用软件基本操作的掌握，以及编辑和处理文档、电子表格、演示文稿、数据库和多媒体等常用软件的基本操作的掌握。

4.4.1 常用软件的基本操作

（1）通用基本操作

熟练掌握复制、粘贴和剪切；熟练掌握查找与替换、定位、撤销与还原、显示与隐藏；熟练掌握拖放和选取（包括选取全部、选取多个不相邻对象和排序）；掌握键盘快捷键的操作；掌握拼写检查；掌握参数的设置、重置与自定义；掌握移动设备触摸屏基本操作。

（2）修订

掌握修订的添加、接受与拒绝；掌握批注的新建、删除与编辑；了解比较与合并功能。

（3）打印

掌握打印尺寸和打印每页版数（缩放选项）的设置；熟练掌握逐份打印和打印页面布局的设置；熟练掌握打印预览的使用，并按应用要求进行打印。

（4）格式化

掌握样式的使用；熟练掌握字体、字号及其特殊效果的设置。

（5）导航栏

熟练掌握软件的打开与关闭；熟练掌握窗口最大化、最小化和尺寸的调整；熟练掌握保存与另存为；熟练掌握新建空白文档；以现有文档新建及从已有模板新建；掌握在窗口中搜索的方法；掌握窗口内容的缩放；掌握窗口的切换；理解窗口的只读与保护模式。

（6）多媒体素材

了解多媒体素材的类型与格式；掌握多媒体素材的修改（如尺寸调整、剪裁与旋转等）；掌握应用程序中的嵌入、附加和处理功能。

4.4.2　文字处理

（1）布局与排版

熟练掌握文字的输入与修改；熟练掌握段落格式的设置（包括文本缩进、行间距与段间距、段落与表格对齐等）；熟练掌握文档页面设置（包括页眉、页脚和页码等的设置）；掌握文档背景设置；熟练掌握超链接与分隔符的应用；掌握制表位、标尺和书签的应用；掌握脚注、尾注与题注的插入和修改；熟练掌握目录的插入、更新与删除。

（2）绘制表格

熟练掌握表格的创建与修改；掌握表格的修饰（如表格的边框与底纹）；熟练掌握表格中数据的输入与编辑；掌握数据的排序与计算；掌握"表格自动套用格式"功能；掌握文本与表格的互相转换。

（3）插入对象

掌握多媒体的插入和编辑；掌握图形的创建与编辑（如阴影和三维效果等）；熟练掌握文本框与艺术字的应用；掌握公式与电子表格的插入和编辑。

4.4.3　电子表格处理

（1）布局与排版

了解工作表与工作簿的区别；熟练掌握工作表的重命名；掌握工作表窗口的拆分与冻结；熟练掌握工作表的格式化，包括单元格的拆分与合并，行、列与单元格的插入和删除，单元格尺寸（列宽和行高）的调整，单元格的对齐，单元格底纹和样式的设置，条件格式的设置，样式和模板、自动套用模式的使用。

（2）管理数据

熟练掌握填充序列；熟练掌握公式的输入与复制；熟练掌握常用函数的应用；掌握绝对单元格引用和相对单元格引用；熟练掌握数据的排序、筛选与分类汇总；掌握数据的合并；掌握数据透视表的应用；掌握外部数据的导入。

（3）应用图表

熟练掌握图表的建立、编辑与修改；掌握图表的修饰；理解常见图表的区别（饼状图、折线图、柱状图）与适用情况。

4.4.4 演示文稿编辑

（1）设计幻灯片

熟练掌握文本、图片、艺术字、形状、表格、多媒体等的插入及其格式化；熟练掌握自定义动画的设置；熟练掌握幻灯片切换的设置；熟练掌握主题选用、模板应用和背景设置；熟练掌握超链接的设置；掌握幻灯片母版的设置。

（2）管理幻灯片

熟练掌握幻灯片的添加和删除；熟练掌握幻灯片顺序的修改；了解幻灯片备注；熟练掌握幻灯片放映设置（放映时间、放映方式）；掌握演示文稿的打包。

4.4.5 数据库的基本操作

（1）关系数据库

掌握数据库的基本概念；理解关系模型的组成；掌握关系的基本运算；了解关系数据库标准语言SQL。

（2）数据管理与数据查询

掌握数据表的新建、删除和修改；掌握数据记录的编辑与排序；掌握运行报告；熟练掌握数据排序。

4.4.6 图形图像处理

（1）认识图形图像

了解图形图像及其技术的特点和应用领域；了解图形图像的类型和文件格式；理解数据压缩的必要性和可能性；了解常用数据压缩方法和光盘的存储原理。

（2）处理图形图像

使用基本的图形图像制作和处理工具；掌握基本的色彩调整方法；掌握简单处理图形图像文件的方法。

▶▶▶4.5 典型综合性应用

"典型综合性应用"是面向软件工具应用能力的提升。所谓软件工具应用能力是指在具备计算机基本操作能力基础上，以实际应用问题为指向，能够运用与实际应用问题相关的背景知识，设计和优化问题解决方案，完成任务和取得圆满结果的能力。在解决问题的过程中，思维和行动能力将得以体现，同样在该能力培养过程中，思维和行动能力也将得以培养。与计算机基本操作能力最大区别在于软件工具应用能力是以应用问题为指向的，而计算机基本的操作是解决问题的手段。

"典型综合性应用"模块包括（并不限于）十二个典型综合性应用问题，解决这些问题需要的是综合能力，包括对第一层次知识/能力的综合应用，以及系统分析能力、科学思维能力（特别是计算思维能力）和解决问题能力等。在实际教学中，综合性应用的具体载体是教学案例或项目。教师可以根据教学情况自主设计包含（并不限于）以下典型问题的教学案例或项目，进而锻炼学生的计算机综合应用能力，以及通用能力（科学思维能力和科学行动能力）。例如"布局与排版"这一典型问题，可以衍生出在文字处理软件中进行布局排版的案例或项目，也可以是在电子表格软件中布局排版的案例或项目，案例或项目的内容可以涉及名片的制作、海报的制作、论文排版、工作表的格式化、样式和模版、自动套用模式的使用等。

典型综合性应用问题归纳如下：

（1）文件与文件夹管理

（2）硬软件的管理及一般故障排除

（3）布局与排版

（4）表格的制作与编辑

（5）数据分析

（6）幻灯片设计与管理

（7）简单使用小型数据库管理系统

（8）协同操作

（9）信息搜索、筛选与评价

（10）图形、图像的处理

（11）网络一般故障的排除

（12）网络生活与信息安全

5. 标准使用说明

本标准的研制为大学计算机基础教育教学改革提供了新的思路。有鉴于学生计算机应用能力掌握不均衡的现状，鼓励在统一标准（即本标准）的框架下，各院校进行个性化的"大学计算机"课程设置，即根据各自在校生计算机应用能力已有水平与标准水平的对比，有选择地开设大学计算机基础课程（选择性包括：是否开设、课程内容如何、学时多少、课程形式如何）。

具体做法是，通过符合该标准的测试检验，能够清楚了解当前学生计算机应用能力的掌握水平，以及与标准要求之间的差距，弥补该差距即是各院校大学计算机基础课程的教学目标：

① 若差距为零，即现有学生已经完全达到该标准规定的掌握水平，则院校可以取消大学计算机基础课程，根据实际情况选择开设其他更高层次的计算机类相关课程（如专业计算机）。

② 若部分学生已经达标，另一部分学生未达标，院校可以将大学计算机基础设为选修课，建议未达标学生选修，或者可以取消实体课堂，鼓励学生在线自学，直到能够通过标准测试为止。

③ 若学生达标情况分布明显，比如"模块1与模块2基本达标，而模块3与模块4达标率低，院校可以组织师资力量设计只针对达标率低的内容模块的大学计算机基础课程，然后采用必修课或同②中的选修和在线课堂的方式。

采用个性化的教学可以满足不同院校的需求和学生水平以及人才发展需求，从根本上解决对大学计算机基础课程是否有必要开设的争议。可见，一个具有普适性的大学生计算机基本应用能力标准，不仅可以衡量学生的计算机应用能力水平，还是"大学计算机基础"课程选择性开设的重要依据。

附录B "非IT类工作岗位对计算机知识与应用能力需求"的调查问卷

您好!

为了解各职业岗位对计算机知识与能力的需求,以作为大学计算机教育及学术研究的参考,特开展此项调查。您的回答对我们非常重要,故请您务必认真如实填写。本研究是否成功仰赖您的支持,敬请给予协助,非常感谢!

祝万事如意!

大学计算机课程改革项目组

2013年2月17日

一、基本资料

请在符合您情况的每个选择项序号处打钩或将选择的序号项加底色突出显示(以下资料仅供项目组统计之用,不会外传)

1. 您单位所在的行业为:
 (1)制造业　　　(2)建筑　　　　(3)交通运输、仓储和邮政业
 (4)教育　　　　(5)公共设施管理和社会福利业
 (6)金融业　　　(7)房地产及服务业　　(8)批发和零售业
 (9)文化、体育和娱乐业　　　(10)其他 _____

2. 您单位的所有制形式为:
 (1)国有　　　　(2)民营　　　　(3)港、澳、台资
 (4)外资　　　　(5)其他_____

3. 单位属性:
 (1)企业　　　(2)事业

4. 单位成立年限:
 (1)1～5年　　　(2)5～10年　　　(3)10年以上

5. 单位规模:
 (1)100人以下　　(2)100～500人　　(3)500人以上

6. 您在单位工作的领域（角色）属于：

（1）工程技术人员　　　　（2）生产服务人员　　　（3）经营管理人员

（4）其他＿＿＿＿＿＿＿＿

7. 您所在工作部门是：

（1）生产（业务）部门　　（2）管理部门　　　　　（3）服务部门

（4）研究设计部门　　　　（5）其他＿＿＿＿＿＿

8. 您本人的岗位是：

（1）高管　　　　　　　　（2）中层管理人员　　　（3）技术负责人员

（4）一般职员　　　　　　（5）其他＿＿＿＿＿＿

9. 您工作的年限是：

（1）2年以下　　　　　　（2）3～5年　　　　　　（3）6～10年

10. 您所学专业属于：

（1）电类工科　　　　　　（2）非电类工科　　　　（3）经管类

（4）理科　　　　　　　　（5）文科类　　　　　　（6）其他＿＿＿＿＿＿

11. 您的学历层次是：

（1）大专（高职）　　　　（2）本科　　　　　　　（3）研究生

二、计算机知识与能力需求调查

本调查问卷对非IT类工作岗位上计算机知识与能力的需求内容进行了分解和归类，分为两部分，第一部分是"非IT类工作岗位上计算机知识与能力需求的分项（类）内容调查"，采用排序的方式进行调查；第二部分是"非IT类工作岗位上计算机知识与能力需求的整体内容调查"，采用选择填空和问答的方式进行调查。在第一部分，请按您认为重要的程度依次将下列每题中各项内容前字母填入每题下面的排序中，将您认为最重要的选项前字母填入排序(1)中，第二重要的选项前字母填入排序(2)中，以此类推，如认为还有其他内容选项，可在其他选项中填写您认为的其他内容后再进行字母填入排序。注意：每个排序数字后的横线上只能填写一个字母，不能多填，即必须区分每项内容的重要程度；但如您认为某项或某些项内容在工作中不使用（不需要），可直接将其选项前字母填入(0)中，且可多填。

例: 将下列能力按重要程度依次排序

A. 倾听能力

B. 口头表达能力

C. 文字表达能力

D. 阅读能力

E. 计算能力

F. 其他＿＿＿＿＿＿＿

错误填答：(1) <u>A C</u> (2) <u>D</u> (3) <u>B</u> (4) <u>E</u> (5)＿＿＿ (6)＿＿＿

(0)＿＿＿＿＿＿＿＿

正确填答：(1) <u>A</u> (2) <u>C</u> (3) <u>D</u> (4) <u>E</u> (5) <u>B</u> (6)＿＿＿

(0)＿＿＿＿＿＿＿＿

或

正确填答：F其他＿＿<u>沟通能力</u>＿＿＿＿＿＿

(1) <u>A</u> (2) <u>C</u> (3) <u>D</u> (4) <u>F</u> (5)＿＿＿ (6)＿＿＿

(0) ＿<u>B E</u>＿＿＿

（一）非IT工作岗位上计算机知识与能力需求的分项（类）内容调查

1. 计算机基本知识

A. 计算机发展历史

B. 计算机基本原理（二进制等）

C. 计算机基本结构组成

D. 计算机系统

E. 网络与通信

F. 信息安全与防护

G. 其他＿＿＿＿＿＿＿

请将以上选项按您认为需求的重要程度依次排序：

(1)＿＿ (2)＿＿ (3)＿＿ (4)＿＿ (5)＿＿ (6)＿＿ (7)＿＿

(0)＿＿＿＿＿＿＿＿＿＿＿

2. 计算机基本技能（基本工具的使用）

A. Windows操作系统使用

B. Office办公软件使用

C. Internet使用

D. Access 使用

E. 多媒体软件使用

F. 杀毒软件使用

G. 中小计算机系统和网站搭建与管理

H. 其他＿＿＿＿＿＿

请将以上选项按您认为需求的重要程度依次排序：

(1)___ (2)___ (3)___ (4)___ (5)___ (6)___

(7)___ (8)___

(0)_____

3. 程序设计技术及应用

A. 编码

B. 算法设计

C. 数据结构设计

D. 程序设计

E. 程序测试

F. 统测试

G. 其他_____

请将以上选项按您认为需求的重要程度依次排序：

(1)___ (2)___ (3)___ (4)___ (5)___ (6)___ (7)___

(0)_____

4. 数据库技术及应用

A. 使用数据库应用系统完成本岗位工作任务

B. 参与单位数据库应用系统的日常运行、管理与维护

C. 参与数据库应用系统的数据资源建设，如收集、整理、规范数据资源

D. 参与数据库应用系统设计、安装、调试

E. 其他_____

请将以上选项按您认为需求的重要程度依次排序：

(1)___ (2)___ (3)___ (4)___ (5)___ (6)___

(0)_____

5. 信息获取

A. 收集信息

B. 统计信息

C. 处理信息

D. 析信息

E. 存储与管理信息

F. 其他_____

请将以上选项按您认为需求的重要程度依次排序：

(1)___ (2)____ (3)___ (4)___ (5)___ (6)___

(0)_____

6. 计算思维能力

A. 抽象与自动化

B. 构建数字模型

C. 模拟与仿真

D. 集中与分布处理

E. 信息与网络

F. 其他_____

请将以上选项按您认为需求的重要程度依次排序：

(1)___ (2)____ (3)____ (4)____ (5)____ (6)____

(0)_____

7. 计算机综合应用能力（信息行动能力）

A. 收集信息

B. 设计方案

C. 编制计划

D. 作业实施

E. 测试评价

F. 其他_____

请将以上选项按您认为需求的重要程度依次排序：

(1)___ (2)___ (3)___ (4)___ (5)___ (6)___ (7)___

(0)_____

（二）非IT类工作岗位上计算机知识与能力需求的整体内容调查

1. 根据表B-1内容选择打钩

表B-1给出非IT类工作岗位在工作中可能需要掌握的计算机基础知识和基本技能。请您根据实际工作情况，进行选择，在认为需要的内容后的括号内打钩即可，如认为还有未列出的内容，请在"其他"中填写出具体内容。

表B-1　非 IT类工作岗位在工作中可能需要掌握的计算机基础知识和基本技能

内　　容	选　择
A. 使用计算机编辑文档	（　　）
B. 使用计算机管理统计数据	（　　）
C. 使用计算机制作演讲稿	（　　）
D. 使用网络进行浏览、交流、购物等	（　　）
E. 计算机及网络应用（计算机基本操作、收发电子邮件、使用Internet等）	（　　）
F. 常用软件的应用（办公软件、查杀病毒软件、压缩软件、娱乐软件等）	（　　）
G. 其他_____	（　　）

2. 根据表B-2内容选择打钩

表B-2分别从计算、数据、网络和设计四个方面，列举了相关应用领域及所需要的支持技术。请您根据实际工作情况，对相应的应用领域及支持技术的内容进行选择。在您认为需要的相应选项后面打钩即可，如在各方面认为还有未列出的内容，请在"其他"中填写出具体内容。。

表B-2　非IT类工作岗位工作中面向的计算机应用领域和可能需要掌握的支持技术

	计　　算	数　　据	网　　络	设　　计
应用领域	A. 工程计算（　） B. 专业计算（　） C. 数学(字)计算（　） D. 模拟与仿真（　） E. 监测与预报（　） F. 其他_____ _____ （　）	A. 数据(信息)获取（　） B. 数据(信息)管理（　） C. 数据(信息)发布（　） D. 数据(信息)安全（　） E. 其他_____ _____ （　）	A. 局域网（　） B. 广域网（　） C. 互联网（　） D. 无线网（　） E. 网络操作系统（　） F. 网络管理（　） G. 网络安全（　） H. 其他_____ _____ （　）	A. 艺术设计（　） B. 工业设计（　） C. 产品造型设计（　） D. 视觉传达设计（　） E. 环境设计（　） F. 景观设计（　） G. 服装设计（　） H. 室内装饰设计（　） I. 广告设计（　） J. 包装设计（　） K. 产品与装备设计（　） L. 机械设计（　） M. 其他_____ _____ （　）

续表

	计　　算	数　　据	网　　络	设　　计
支持技术	a. 程序设计技术（　） b. 语言（　） c. 算法（　） d. 软件工程技术（　） e. 过程（　） f. 规范（　） g. 计算专用软件包（　） h. 其他＿＿＿＿＿ ＿＿＿＿＿（　）	a. 数据处理技术（　） b. 数据库技术（　） c. 数据（信息）安全技术（　） d. 大数据技术（　） e. 其他＿＿＿＿＿ ＿＿＿＿＿（　）	a. 计算机网络技术（　） b. 网络安全技术（　） c. 其他＿＿＿＿＿ ＿＿＿＿＿（　）	a. 多媒体技术（　） b. CAD（　） c. 网页设计技术（　） d. 其他＿＿＿＿＿ ＿＿＿＿＿（　）

3. 进一步的问答选择题

① 您认为表B-1和表B-2内容是否已基本涵盖非IT类工作岗位的工作对计算机应用能力的基本要求。

是（　）　　否（　）

② 如果①您选择"否"，请对表B-1和表B-2尚未完全涵盖的内容做出补充。

＿＿＿＿＿＿＿＿＿＿＿＿＿＿＿＿＿＿＿＿＿＿＿＿＿＿＿＿＿＿＿＿＿＿＿＿

＿＿＿＿＿＿＿＿＿＿＿＿＿＿＿＿＿＿＿＿＿＿＿＿＿＿＿＿＿＿＿＿＿＿＿＿

＿＿＿＿＿＿＿＿＿＿＿＿＿＿＿＿＿＿＿＿＿＿＿＿＿＿＿＿＿＿＿＿＿＿＿＿

＿＿＿＿＿＿＿＿＿＿＿＿＿＿＿＿＿＿＿＿＿＿＿＿＿＿＿＿＿＿＿＿＿＿＿＿

③ 如果您认为表B-1和表B-2内容还存在一些问题，请写出您的修改建议。

＿＿＿＿＿＿＿＿＿＿＿＿＿＿＿＿＿＿＿＿＿＿＿＿＿＿＿＿＿＿＿＿＿＿＿＿

＿＿＿＿＿＿＿＿＿＿＿＿＿＿＿＿＿＿＿＿＿＿＿＿＿＿＿＿＿＿＿＿＿＿＿＿

＿＿＿＿＿＿＿＿＿＿＿＿＿＿＿＿＿＿＿＿＿＿＿＿＿＿＿＿＿＿＿＿＿＿＿＿

附录C 《非计算机专业大学新生计算机基本技能与基础知识掌握现状的调研报告》

摘 要：

通过文献调查，并对"第三届全国高等院校计算机应用能力与信息素养大赛"中参赛学生的成绩进行统计分析，对照教育部高等院校计算机基础课程教学指导委员会提出的"大学计算机"课程目标，分析大学生对计算机基本操作知识与操作技能的掌握情况；在此基础上，通过与台湾省的学生在案例设计竞赛环节的成绩及表现进行对比，分析大陆学生的计算机应用能力，为进一步推动"大学计算机"课程改革提供参考和依据。

关键词：大学计算机；信息素养；计算机应用能力

1. 大学计算机课程的任务及面临的问题

随着计算机技术的发展，大学计算机课程的名称、教学目标、教学内容已历经多次调整，其目的是使大学计算机基础教育教学适应技术的发展，真正起到培养具有信息素养，能够有效应用计算机从事工作的人才的作用。

教育部教指委发布的《高等学校计算机基础教学发展战略研究报告暨计算机基础课程教学基本要求》(以下简称《基础课程教学要求》)中提出计算机基础课程教学的目标是"为非计算机专业学生提供计算机知识、能力与素质方面的教育，培养非计算机专业的学生掌握一定的计算机基础知识、技术与方法，以及利用计算机解决本专业领域中问题的意识与能力，激发学生自己体验和利用计算机解决问题的思路和方法"。

教指委提出大学计算机课程的目标包含三个层面的要求：掌握计算机的基本操作及知识；具备计算机的基本应用能力；了解计算学科的思维方式。那么，大学计算机课程教学目标的达成情况是进一步进行大学计算机基础课程改革时所必须依据的前提。

▶▶▶ 1.1 大学生的计算机基本操作能力达到的程度

随着计算机技术的广泛普及，特别是教育部颁布《中小学信息技术课程指导纲要

（试行）》后，全国中小学普遍开设信息技术课程，越来越多的中小学生已经能够熟练使用计算机上网、玩游戏、使用办公软件等。因此，许多从事大学计算机课程教学的教师都感到这门课程的教学越来越难进行。事实上，很多学校已经压缩了大学计算机课程的授课学时。更有人认为，中学信息技术课程的要求及内容与大学计算机课程有很多重叠，进入高等院校的学生已经掌握了计算机的基本操作，大学计算机课程应该被取消。

然而，就全国普遍的情况而言，我们现在能否认为进入高等院校的学生就已经掌握了计算机的基本操作？会上网、会操作计算机，是否就等同于具备了计算机的基本操作能力？这些问题都不能仅凭直觉就下结论，需要有相应的数据予以支持。大学计算机课程的目标不是单一的仅限于操作计算机，而且对"会操作计算机"应该有衡量的标准。

▶▶▶1.2　具备计算机的基本操作能力，是否表明会应用计算机

教指委在《基础课程教学要求》中提出的大学计算机课程目标之一是使非计算机专业的学生具备计算机的基本应用能力，能够"具有判断和选择计算机工具与方法的能力；能有效地掌握并应用计算机工具、技术和方法解决专业领域中的问题"。

什么是计算机的应用能力？目前，很多大学计算机课程的教材都以综合案例作为计算机应用能力培养的载体。但严格地讲，很多案例只是"样例"，即给出基本格式要求，或最终样式，要求使用多种基本操作技能完成编辑、排版等工作。完成这种案例基本上都是"模仿"操作。掌握了这种仅仅是简单模仿就能完成的操作，能否称为具备应用计算机工具、技术完成工作任务的能力？这是需要我们分析探讨的问题。

2. 调研方案设计

▶▶▶2.1　调研目的

大学计算机基础教育要面向需求。大学计算机基础教育的需求包括目标需求和起点需求。本调研旨在通过样本实验数据分析以及文献调研，了解大学新生的计算机基本应用能力，从而确定大学计算机基础教育的起点，为大学计算机基础教育教学改革提供决策支持。

▶▶▶2.2　调研意义

按照教育部的规划，全国中小学普遍开设信息技术课程，进入高等学校的学生很

多已经具备一定的计算机操作能力。但是中学信息技术课程不是高考科目，学校、学生对这门课程的重视程度不够，或者可以说根本不重视这门课程。而且，不同地区的教育、经济发展不平衡，使得学生使用计算机的能力差异非常大。如何评价当前大学新生的计算机应用能力？大学新生计算机应用能力达到什么程度？只有搞清需求，才能使需求导向的大学计算机基础教育教学改革落到实处。

▶▶▶2.3 调研方案

本项调研工作主要采用实证数据分析与文献资料调研相结合的方法进行。其中实证数据是"全国高等院校计算机应用能力与信息素养大赛"的竞赛成绩，亦即学生对计算机基础知识和基本操作技能的掌握情况的反映；文献资料调研则是通过互联网及文献数据库进行。

3. 文献资料调研

通过文献资料调研、座谈交流等多种方式，了解到目前全国范围内，只有少数重点高等校完全取消了大学计算机基础课程。绝大多数高等院校（包括一些211、985院校）仍以不同形式开设包含计算机基础知识、基本操作为主要内容的课程，例如：0学分课程、讲座、实践课等。也有部分高校采用讲授课内容与实验课内容分离的方式，讲授课的内容因学校的不同有较大的差异，实验课内容仍是计算机的基本操作，原因是大学新生对于计算机基础知识与基本操作的掌握情况有很大差异。

▶▶▶3.1 中学信息技术课程教学情况

昆明理工大学结合教学质量与教学改革工程项目，于2012年对3 607名（占新生数的73.4%）新生就中学信息技术课程教学情况进行问卷调查，并将分析结果发表在《计算机教育》上。统计结果如图C-1所示。根据样本学生反馈的结果，信息技术课程能够按教材内容教学，上机时间超过70学时的占14%；选择教材部分内容教学，上机时间为40～70学时的占35%；随意讲解一些软件的操作，上机时间不足40学时的占35%；几乎没有上信息技术课，上机随意玩游戏的占16%。

昆明理工大学的新生来自全国各地，上述对中学信息技术课程教学情况的调查结果具有一定的代表性。

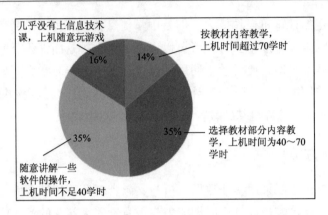

图C-1 中学信息技术课程教学情况

▶▶▶3.2 大学新生掌握计算机基本操作的情况

昆明理工大学调查了学生对常用计算机操作技能的掌握情况，主要是计算机基本操作与汉字录入。调查统计表明，学生掌握计算机基本操作，能够熟练使用鼠标和键盘上网聊天，汉字录入每分钟达到25个字的约占43%；基本上没有使用过计算机的约占2%。

湖南大学针对2011级入校的部分新生进行调查，了解学生掌握计算机基础知识与技能的情况，统计数据如表C-1所示。

表C-1 计算机知识掌握程度调查（%）

熟　练　程　度	Windows	Office
不会操作	7	23
不熟练	21	66
比较熟练	52	9
非常熟练	20	2

根据表C-1的统计数据，可以看到，学生能够非常熟练使用Windows的占被调查人数的20%，而不会操作Windows的占被调查人数的7%。

以上两所学校的调查统计数据表明：能够熟练使用计算机的学生所占比例比较多，为20%～43%；基本没有使用过计算机的学生所占比例比较小，只有2%～7%。

▶▶▶3.3 大学新生掌握办公软件操作技能的情况

昆明理工大学的调查表明，掌握Word软件应用，能够熟练完成文字编辑与排版，编排过小报、海报等内容较为复杂的文档的学生约占5%；能够完成基本的编辑排版，编排过作文、通知等内容不复杂的文档的学生约占31%；上机操作过Word，能够简单的编辑排版的学生约占52%；基本不会使用Word软件的学生约占12%。调查结果如图C-2所示。

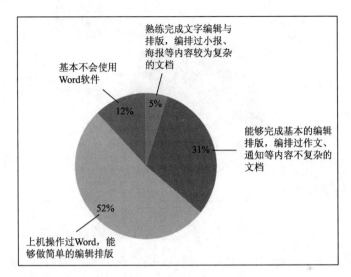

图C-2　使用Word的情况

相对于Word软件的使用，学生对Excel和Power Point软件的掌握和使用情况要更差一些。能够熟练完成数字录入与排版，能够使用常用的函数完成计算和数据汇总的学生约占4%，而基本不会使用Excel软件的学生约占30%，调查结果如图C-3所示。

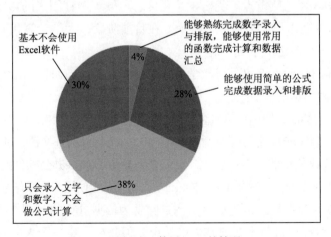

图C-3　使用Excel的情况

能够熟练使用PowerPoint软件熟练完成幻灯片的设计和动画播放设置，独立完成多个PPT制作的学生约占8%，而基本不会使用PowerPoint软件的学生约占31%，统计结果如图C-4所示。

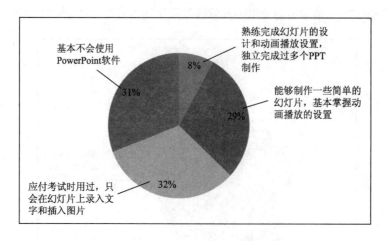

图C-4　使用PowerPoint的情况

湖南大学的调查（见表C-1）表明掌握Office办公软件操作的学生人数远低于能够使用Windows的人数。根据湖南大学相关教师的教学经验，计算机基础知识薄弱、不会使用计算机的学生，在学习大学计算机基础课程时，极易产生自卑、厌学的心理。这些学生也不愿意请教老师和同学，这对他们后续课程的学习和心理都产生很大的负面影响。

从两所学校的调查可以看到：

① 由于中学教育的侧重点、经济发达程度、地域等多种因素的影响，使得大学新生掌握计算机基本操作的能力差异非常大。在目前阶段，大学计算机基础教育的起点有很大的差异，很难确定一个统一的起点。

② 起点差异的问题不仅仅是对教学安排有影响，甚至有可能对学生的心理、进一步的发展带来不利的影响。

③ 学生进入大学前，使用计算机主要是上网、在线交流、游戏，较少使用计算机处理文档、处理数据、制作PPT，能够非常熟练使用Office办公软件处理文档、进行数据分析、制作演示文稿的学生比例很低，不超过5%。而完全不会使用Office办公软件的学生占到20%以上。也就是说，大学新生对计算机的使用Office基本局限于会使用一种操作系统并会上网。

④ 两所学校的调查是以学生填写的调查问卷为依据进行的，调查结果在一定程度上反映了学生掌握计算机基本操作技能的情况。但是，学生凭个人的感觉判定自己使用计算机的能力，其调查结果的准确程度取决于学生对自己的主观判断，缺乏客观的评价依据。因此所回答的问题也可能存在一定的偏颇或局限。

4.　实证研究

本项调查通过分析"2013年第三届全国高等院校计算机应用能力与信息素养大赛"的成绩，直接测评学生掌握计算机基础知识和操作能力，并以此推断大学新生对计算机基础知识和基本操作的掌握情况。

▶▶▶ 4.1　实证研究背景说明

4.1.1　大赛概况

"2013年第三届全国高等院校计算机应用能力与信息素养大赛"由全国高等院校计算机基础教育研究会等八家单位共同主办，中国铁道出版社承办。大赛分为院校赛和全国总决赛两部分；包含两项竞赛内容：基于IC³（Internet and Computing Core Certification）的竞赛以及基于案例的竞赛。

在大赛的命题、组织实施、竞赛成绩统计分析的过程中，大赛专家组就大学生基本信息素养和计算机操作技能的基本标准、计算机应用能力的内涵等问题进行探讨和研究，以期了解我国目前大学计算机课程的教学状况，分析大学生使用信息技术进行工作的能力，达到以赛促学、以赛促教、以赛促改、以赛促研的目的。

4.1.2　样本数据覆盖程度说明

2012年11月—2013年4月，27个省、自治区、直辖市230所高校、14 280名学生参加了大赛院校赛阶段的赛事。通过院校赛，选拔出442名学生参加了2013年5月在中央民族大学进行的全国总决赛。参加全国总决赛的选手分布如表C-2所示。

表C-2　学生样本覆盖范围统计参赛全国总决赛的选手分布

统 计 项	一类本科	二类本科	三类本科	专科	合计
省、自治区、直辖市数量	8	13	4	26	27（去除重复）
院校数量	11	23	4	113	151
学生数	34	82	13	313	442

参加全国总决赛的442名学生既包含一类本科、二类本科、三类本科院校的学生，也包含专科院校的学生；既有来自北京、上海、广州等经济发达地区，也有来自新疆（4人，专科）、西藏（3人，专科）、甘肃（1人，本科）等西部或经济欠发达地区。

从上述统计可以看出，本届大赛参赛选手所在地域、学校分布比较广，选手的竞赛成绩有一定的代表性，在某种程度上可以作为评价全国大学生计算机基本操作能力的参考与依据。

4.1.3 竞赛内容说明

全国总决赛分为两个阶段：第一阶段竞赛内容是基于国际信息素养标准 IC^3 的计算机基础知识与基本操作竞赛；第二阶段竞赛内容是基于案例的应用能力竞赛本实证研究以参加全国总决赛选手的决赛成绩为样本数据。

基于 IC^3 标准 的竞赛内容主要考查学生对基于 IC^3 标准的信息技术基本概念的掌握情况及对计算机常用软件工具的应用能力，包括计算机的基础知识、基本概念、办公软件基本操作技能等。竞赛方式是上机在线竞赛。

IC^3 标准是一个国际信息素养标准。在广泛调研、分析的基础上，IC^3 标准将信息社会的社会人所应具备的基本信息素养和操作技能构造为一个能力图表，包括220个知识、技能点。本届大赛借鉴 IC^3 标准，衡量我国大学信息素养和计算机基本操作能力的状况，有利于客观地评价我国大学生计算机基本操作的能力。

基于案例的竞赛目的是考核学生应用信息技术完成一项工作的能力。

▶▶▶ 4.2 对计算机基本操作能力的评价

通过分析大赛参赛选手第一阶段的成绩，可以对学生整体掌握计算机基本知识与基本操作能力状况进行评价。

4.2.1 各类院校的平均成绩

第一阶段成绩统计见表C-3。

由全国总决赛第一阶段的成绩统计可见，不论是平均成绩，还是最高分、最低分，按一类本科、二类本科、三类本科、专科的顺序基本上是逐渐降低的。

表C-3 第一阶段成绩统计

统 计 项	本 科				专 科
	一类本科	二类本科	三类本科	本科（总）	
平均成绩	79.1	77.0	75.6	77.4	73.1
最高分	97.7	95.4	89.3	97.7	95.4
最低分	54.2	47.2	49.6	47.2	20.6
标准差	11.15	11.11	10.31	11.1	12.1

由表C-3还可以看到：

① 不论是本科还是高职高专院校的学生，经过一定的辅导和练习，其计算机基本

操作、基础知识能够达到平均及格的成绩。但若考虑到这442人是从全国参赛高校上万名选手中选出的参加总决赛的代表。我们认为，全国高校学生普遍的计算机基本操作能力不会优于这些参赛选手。

② 相同类别学生成绩的极差过大，成绩分布比较分散。这说明，大学计算机的整体教学效果和学生的能力差异很大，发展很不均衡。

③ 参加本次大赛的选手既有大学一年级（2012年入学）的学生，也有大学二、三年级的学生，不同年级的选手成绩略有差异。大学二、三年级选手的成绩总体略好于大学一年级的选手，如表C-4所示。

表C-4　第一阶段本科不同入学时间的参赛选手成绩统计

类别/入学年份	参 赛 人 数	平 均 成 绩
一类本科	34	79.1
2009年	6	84.7
2010年	8	84.2
2011年	11	79.1
2012年	9	70.9
二类本科	82	77.0
2010年	13	73.4
2011年	33	79.8
2012年	36	75.7
三类本科	13	75.6
2010年	1	71.2
2011年	3	78.9
2012年	9	75.0

说明：全国总决赛的时间是2013年5月。即使是2012级新生，也已经完成了大学计算机基础课程的学习。由此可推断，没有经过大学计算机基础课程学习的大学新生，其计算机基础知识与基本操作技能不会强于上述参加全国总决赛的选手。

4.2.2　各地区平均成绩

竞赛成绩与地域（不同地域经济发展程度不同）有一定的关系，但关系不密切。表C-5所示，是按省、自治区、直辖市统计的本科参赛选手平均成绩。

表C-5　全国总决赛第一阶段本科院校分省成绩统计

序　号	省　市	参赛人数	平均成绩
1	上海市	10	84.9
2	黑龙江省	8	82.4
3	安徽省	3	81.9
4	江苏省	9	80.7
5	四川省	5	80.2
6	山东省	11	80.0
7	广东省	1	78.4
8	辽宁省	17	77.2
9	北京市	18	76.5
10	江西省	7	75.9
11	内蒙古自治区	2	75.5
12	河北省	15	74.9
13	陕西省	8	74.6
14	湖北省	9	71.8
15	重庆市	5	68.5
16	甘肃省	1	64.8

　　来自沿海发达地区院校的选手平均成绩并不一定高于来自西部地区院校的选手。处于平均成绩后几名的省、自治区、直辖市，也不一定是经济欠发达地区。

　　由上述分析可以得出结论：大学生的计算机操作能力存在非常大的差异。以这次大赛成绩为样本的统计分析，不支持"全国范围内进入高校的学生已经基本掌握计算机基本操作技能与基础知识"的观点。在进行教学改革时，不能采取统一方案、统一要求的方式，即使对于同类型学校，亦需根据具体情况进行分析，采用不同的解决方案。

▶▶▶ 4.3　计算机的操作能力不等于计算机的应用能力

　　大学计算机课程的重要任务之一是培养学生的信息素养和利用信息技术完成本专业工作的能力。目前，教学中以综合"案例"——样例，作为应用能力的教学、考核载体，但在实施中，多是按照给定的样本"描红模子"，训练"模仿操作"的能力，而不是学生所应具备的使用计算机完成工作的能力。

什么是使用计算机完成工作的能力？能否认为掌握了计算机的基本操作知识和技能，就是会应用计算机完成工作？本届大赛专家组对此进行研究和讨论后认为，考量学生应用能力的案例不是简单的模仿操作，而应是使用信息技术完成一项实际的工作任务，应包含了调研、分析、设计、开发、实施和评价的完整工作过程。

4.3.1 竞赛案例题的设计

设计竞赛案例的原则：给定问题描述，要求参赛选手能够充分、综合地利用信息技术，收集资料、整理资料、设计解决方案，完成给定的工作任务。

竞赛案例的基本要求是完成一个解决方案。题目指定了背景、任务要求、参考素材等，并要求竞赛者按照指定的角色身份撰写解决方案。

竞赛案例的评价指标设计参照了科学工作的基本过程。评价的观测点如下：

① 分析问题的需求和约束；

② 充分有效地搜集和筛选素材；

③ 按照要求形成报告；

④ 尽可能多地使用信息技术。

4.3.2 成绩分析

全国总决赛第二阶段竞赛内容是利用信息技术（办公软件、互联网应用）完成一项工作任务，这项任务不涉及具体的专业知识。第一阶段成绩在90分以上的选手有资格参加第二阶段的竞赛。根据竞赛成绩，可以看到，即使能熟练使用计算机，也不一定具备应用基本信息技术完成简单任务的能力，即不一定能称之为具有应用计算机的能力。第二阶段竞赛成绩统计如表C-6所示。

表C-6 全国总决赛第二阶段竞赛成绩统计（与第一阶段成绩对比）

项 目	本 科		专 科	
	第一阶段	第二阶段	第一阶段	第二阶段
平均成绩	93.8	67.8	92.0	56.6
最高分	97.7	80.0	95.4	76.0
最低分	91.6	47.0	90.1	44.0

由上述成绩可以看到，已经较好掌握了计算机基础知识与基本操作技能的选手，不一定能够很好地应用计算机完成一项基本的实际工作。

参加全国总决赛第二阶段比赛（本科组）有两名台湾省的学生。这两名学生的成绩排在本科组的前两名。仔细观察分析大陆选手完成任务的过程和结果，可以看到他们与台湾省的选手有如下差距：

（1）不知道如何着手完成一项工作

大陆选手拿到竞赛案例题目后，非常茫然，所提交的解决方案思路不清晰，逻辑较混乱。

（2）不明白竞赛案例题目中给出的约束条件和要求的含义

大陆选手对理解需求、遵从约束的意识及能力较差。

（3）不会分析基本数据

竞赛案例给出了部分基本数据。很多学生不知道如何利用这些数据。实际上，评价指标中只要求学生使用软件工具分析这些数据，分析的结论并不重要。但有些方案没有数据分析，还有些方案没有使用软件工具进行统计。

（4）资料来源单一

有的解决方案所参考的信息全部来自一个网站，缺乏广泛地收集和筛选资料的能力。

（5）不懂角色的含义

一些学生不能按照题目要求，以指定角色的视角和工作要求完成报告，而像是一份提交给老师的作业。

本届大赛的竞赛案例没有涉及任何专业领域，仅仅就是使用信息技术完成一个信息收集、整理、呈现的工作，属于比较简单的案例设计。而进入最后决赛环节的学生完成竞赛案例的能力并不令人满意。

由此可以认为，熟练地掌握基本信息技术，掌握常用软件使用的学生，并不一定能够很好地应用这些技术完成既定的工作。

5. 结论

信息技术的飞速发展和广泛普及，使得大学计算机课程面临着挑战，需要不断改革。为此，教育部提出了大学计算机课程改革的总体目标："普及计算机文化，培养专业应用能力，训练计算思维能力"。按照教育部的总体设计思想，结合本届大赛中所进行的探讨和实践，我们有如下认识：

① 教育部提出的大学计算机课程改革的意见非常必要、及时。

② 应该建立基本信息素养、计算机基本操作技能的衡量标准。

③ 尽管中学阶段已经普遍开设了信息技术课程，但由于该课程非高考科目，属于被边缘化的课程。加之地区差异、学生个体家庭经济状况差异等多种原因，使得学生掌握计算机基本操作的能力远未达到可以取消大学计算机课程的程度。因此，实际情

况不支持"从全国范围,进入高校的学生已经基本掌握计算机的基本操作技能"的观点。

④ 掌握了计算机的基本操作技能不一定就能够很好地应用计算机完成实际工作。如何培养学生应用信息技术完成工作的能力是大学计算机课程改革中需要研究的一个重要问题。

上述分析所依据的统计数据样本数量虽然不大,但是这些样本来自27个省、自治区、直辖市不同类型的院校,因此,有一定的代表性和说服力。

参 考 文 献

[1] 教育部高等学校计算机基础课程教学指导委员.高等学校计算机基础教学发展战略研究报告暨计算机基础课程教学基本要求[M]. 北京:高等教育出版社, 2009：6-7.

[2] 教育部高等学校计算机基础课程教学指导委员. 高等学校计算机基础核心课程教学实施方案[M]. 北京:高等教育出版社，2009：69-71.

[3] 冯博琴. 对于计算思维能力培养"落地"问题的探讨 [J]. 中国大学教学，2012（9）：6-9.

[4] 任化敏，陈明.计算机应用型人才的计算思维培养研究[J]. 计算机教育，2010（5）:65-67.

[5] 普运伟，耿植林，陈格，等. 大学计算机基础教学现状分析及课程改革思路[J]. 计算机教育，2013（11）:13-18.

[6] 黄有荣，刘智明．对"大学计算机基础"课程教学改革的一点看法[J]. 计算机教育，2013（5）:72-75.